现代建筑工程管理与施工技术应用

李守全 著

U0253570

吉林科学技术出版社

图书在版编目（CIP）数据

现代建筑工程管理与施工技术应用 / 李守全著 . ——
长春 : 吉林科学技术出版社 , 2023.3
ISBN 978-7-5744-0333-8

Ⅰ . ①现… Ⅱ . ①李… Ⅲ . ①建筑工程－工程管理－
研究②建筑工程－工程施工－研究 Ⅳ . ① TU7

中国国家版本馆 CIP 数据核字 (2023) 第 066162 号

现代建筑工程管理与施工技术应用

著	李守全	
出 版 人	宛 霞	
责任编辑	冯 越	
封面设计	乐 乐	
制 版	乐 乐	
幅面尺寸	185mm×260mm	
开 本	16	
字 数	110 千字	
印 张	9.125	
印 数	1-1500 册	
版 次	2023年3月第1版	
印 次	2024年1月第1次印刷	

出 版 吉林科学技术出版社
发 行 吉林科学技术出版社
地 址 长春市福祉大路5788号
邮 编 130118
发行部电话/传真 0431-81629529 81629530 81629531
81629532 81629533 81629534
储运部电话 0431-86059116
编辑部电话 0431-81629518
印 刷 廊坊市印艺阁数字科技有限公司

书 号 ISBN 978-7-5744-0333-8
定 价 48.00元

前　　言

随着经济的发展、生活水平的提高，人们对建筑工程项目提出了个性化要求。在这种情况下，更好地进行工程施工管理就显得格外重要。面对错综复杂的施工过程，如何高质量、短工期、高效益及安全地完成工程项目，就成为建筑施工企业关注的焦点。对于建筑施工企业来说，只有加强质量管理，狠抓安全管理，同时做好进度管理、成本核算等工作，以及借助信息技术等对工程施工进行管理，才能实现自身的持续发展。

建筑是人们工作生活的场所，直接关系着国计民生，建筑工程的质量与安全是人们关注的焦点。只有全面做好施工管理，才能确保建筑物安全，符合建筑质量整体要求。建筑工程的管理工作内容较广泛，涉及建设的准备、施工、验收等不同方面，通过良好科学的管理，达到掌握进度、控制成本、保证质量和维护安全的目标。

本书是关于现代建筑工程管理与施工技术应用方面研究的著作。全书首先对建筑工程项目管理的基础理论进行简要概述，对建筑工程项目管理组织也有一定的介绍；然后，对现代建筑工程管理实践的相关问题进行梳理和分析，包括建筑工程成本、进度、质量、环境、风险等多个方面，并对BIM背景下的建筑工程供应链信息协同管理也做了一些阐述；本书后半部分对现代建筑工程施工技术的创新应用方面进行探讨。本书论述严谨，结构合理，条理清晰，其能为现代建筑工程管理与施工做出应用相关理论的深入研究提供借鉴。

本书参考了大量的相关文献资料，借鉴、引用了诸多专家、学者和教师的研究成果，得到了很多专家学者的支持和帮助，在此深表谢意。由于能力有限，时间仓促，虽极力丰富本书内容，力求著作的完美无瑕，经多次修改，仍难免有不妥与遗漏之处，恳请专家和读者指正。

目　　录

第一章　建筑工程项目管理概述

第一节　建筑工程项目管理基础

一、建筑工程施工项目管理概述

（一）建筑工程施工项目基本概念

项目是指由一组有起止时间的、相互协调的受控活动组成的特定过程，该过程要达到符合规定要求的目标，其约束条件包括时间、成本和资源。项目的类型较多，如科研项目、社会项目、建筑工程项目等。

项目一般具有以下三个特征：

1.项目的特定性

项目的特定性又称为项目的单件性或一次性，是项目最主要的特征。

每个项目是唯一的，不可能批量生产。因此，要针对每个项目采取切实有效的管理措施。

2.项目有明确的目标和一定的约束条件

项目的目标包括成果目标和约束性目标。成果目标包括设计规定的生产产品的规格、型号等项目功能要求；约束性目标包括工期、投资等限制条件。约束条件一般包括限定的时间、限定的资源和限定的质量标准。

3.项目具有特定的生命周期

项目的生命周期从编制项目管理规划大纲开始至保修期结束

建筑工程项目是指为新建、改建、扩建房屋建筑物和附属构筑物、设施所进行的规划、勘察、设计、采购、施工、竣工验收及移交等过程。

建筑工程项目可以从不同的角度进行分类，具体见表1-1。

表1-1　建筑工程项目的分类

分类方法	类　别		
按照行业构成	生产性项目（包括建筑业、商业、交通运输等项目）		
	非生产性项目（教育、卫生、体育等项目）		
按照建设性质	新建		
	改建		
	扩建		
	恢复		
	迁建		
按照建设规模	基本建设项目	大型	生产性建设项目能源、交通、原材料投资额5000万元以上，其他部门3000万元以上
		中型	非生产性项目3000万元以上为大中型项目，否则为小型项目
		小型	
	技术改造项目	限额以上	投资额5000万元以上
		限额以下	投资额不足5000万元

　　建筑工程施工项目是施工企业对建筑产品的施工过程及成果，也就是建筑施工企业的生产对象。建筑工程施工项目具有以下三个特征：(1)建筑工程施工项目是建筑工程项目或其中的单项工程或单位工程的施工任务；(2)建筑工程施工项目是以建筑施工企业为主体的管理整体；(3)建筑工程施工项目的范围是由承包合同界定的。

　　(二)建筑工程施工项目系统构成

　　建筑工程施工项目可分为单项工程、单位(子单位)工程、分部(子分部)工程和分项工程。

　　单项工程是指具有独立建设文件的，建成后可以独立发挥生产能力或效益的一组配套齐全的工程项目。一个工程项目有时包括多个单项工程，有时仅有一个单项工程，单项工程一般单独组织施工和竣工验收。

　　单位工程是指具有独立的设计文件，可以独立施工，但建成后不能独立发挥生产能力或效益的工程。单位工程通常只有一个单体建筑物或构筑物。建筑规模较大的单位工程，可将其能够形成独立使用功能的部分作为一个子单位工程。

　　分部工程是单位工程的组成部分，应按其专业性质、建筑部位进行划分。建筑工程可以划分为地基与基础工程、主体结构工程、装饰装修工程、屋面工程、给水排水及采暖工程、电气工程、智能建筑工程、通风与空调工程和电梯工程等九个分部工程。当分部工程较大或较复杂时，可按材料种类、施工特点、施工程序、专业系统及类别等划分为若干个子分部工程。分部工程可以分成若干个子分部工程，具体分类见表1-2。

表1-2 子分部工程划分

分部工程		子分部工程
序号	名称	
1	地基与基础	无支护土方、有支护土方、地基处理、桩基、地下防水、混凝土基础、砌体基础、劲钢（管）混凝土、钢结构
2	主体结构	混凝土结构、劲钢（管）混凝土结构、砌体结构、钢结构、木结构、网架和索膜结构
3	建筑装饰装修	地面、抹灰、门窗、吊顶、轻质隔墙、饰面板（砖）、幕墙、涂饰、裱糊与软包、细部
4	建筑屋面	卷材防水屋面、涂膜防水屋面、刚性防水屋面、瓦屋面、隔热屋面
5	建筑给水排水及采暖	室内给水系统、室内排水系统、室内热水供应系统、卫生器具安装、室内采暖系统、室外给水管网、室外排水管网、室外供热管网、建筑中水系统及游泳池系统、供热锅炉及辅助设备安装
6	建筑电气	室外电气、变配电室、供电干线、电气动力、电气照明安装、备用和不间断电源安装、防雷及接地安装
7	智能建筑	通信网络系统，办公自动化系统，建筑设备监控系统，火灾报警及消防联动系统，安全防范系统，综合布线系统，智能化集成系统，电源与接地、环境、住宅（小区）智能化系统，
8	通风与空调	送排风系统、防排烟系统、除尘系统、空调风系统、净化空调系统、制冷设备系统、空调水系统
9	电梯	电力驱动的曳引式或强制式电梯安装、液压电梯安装、自动扶梯和自动人行道安装

分项工程是分部工程的组成部分，是建筑工程质量形成的直接过程，也是计量工程用工、用料和机械台班消耗的基本单元。分项工程应按主要工种、材料、施工工艺、设备类别等进行划分。

（三）建筑工程施工项目管理

建筑工程施工项目管理的内涵是自项目开始至项目完成，通过项目策划和项目控制，以使项目的费用目标、进度目标和质量目标得以实现。按照管理主体，可分为建设项目管理、设计项目管理、施工项目管理和监理项目管理等。

建筑工程施工项目是指施工企业自工程施工投标开始到保修期满为止的全过程中完成的项目。建筑工程施工项目管理是指施工企业运用系统的观点、理论和科学技术对施工项目进行的计划、组织、监督、控制、协调等全过程管理。建筑工程施工项目的管理主体是施工企业。其与建筑工程项目管理的区别见表1-3。

表1-3 建筑工程施工项目管理与建筑工程项目管理的区别

区别特征	建筑工程施工项目管理	建筑工程项目管理
管理主体	施工企业，以施工活动承包者的身份出现	建设单位，以工程活动投资者和建筑产品购买者身份出现
管理目标	效率性目标：以利润、施工成本、施工工期及一定限度的质量管理为目标	成果性目标：以投资额、产品质量、建设工期的管理为目标
管理客体	一次性的施工任务	一次性的建设任务
管理方式管理手段	利用各种有效的手段完成施工任务，是直接和具体的	选择投资项目和控制投资费用，其对设计、施工活动的控制是间接的
管理范围	从施工投标意向开始至施工任务交工终结过程的各个方面施工活动	一个项目从投资意向书开始到投资回收全过程各个方面施工活动
管理内容	涉及从投标开始至交工为止的全部生产组织管理和维修	涉及投资周转和建设全过程的管理
涉及环境和关系	对参与施工活动的各个主体进行监督、控制、协调等管理工作，包括施工分包单位、建材供应单位等	对参与建设活动的各个主体进行监督、控制、协调等管理工作，包括设计单位、施工企业、建材及资金供应单位

对参与施工活动的各个主体进行监督、控制、协调等管理工作，包括施工分包单位、建材供应单位等对参与建设活动的各个主体进行监督、控制、协调等管理工作，包括设计单位、施工企业、建材及资金供应单位。

(四)建筑工程建设程序和项目管理的关系

建筑工程建设程序是指建设项目从分析论证、决策立项、勘察设计、招标投标、竣工验收、交付使用所经历的整个过程中，各项工作必须遵循先后次序。在整个建筑工程建设程序中项目管理自始至终贯穿其间。狭义的建筑工程项目管理(PM)一般仅指实施阶段；广义的建筑工程项目管理(LCM)是指全寿命周期的管理。施工项目管理是从招标投标阶段开始至保修期结束。建设单位的项目管理应该是广义的建筑工程项目的管理过程。

二、建筑工程施工项目管理内容及程序

(一)建筑工程施工项目管理内容

建筑企业实施项目管理后，相应的层次划分规定为两层：第一层是企业管理层；第二层是项目管理层。企业管理层是指企业本部机关，其人员包括企业的领导、各职能部门的主管人员和一般管理人员。项目管理层是指项目经理部，它是在企业的支持下组建并领导、进行项目管理的组织机构。项目经理部是企业的下属层次，项目经理是该层次的领导人员，项目经理部设立职能部门。

项目经理部的管理内容应在企业法定代表人向项目经理下达的《项目管理目标责任书》中确定，并由项目经理组织实施。在项目管理期间，由发包人或其委托的监理工程师或企业管理层按规定程序提出的、以施工指令下达的工程变更导致的额外施工任务或工作，均应列入项目管理范围。

建筑工程施工项目管理的内容应包括以下几项:(1)编制《项目管理规划大纲》和《项目管理实施规划》;(2)项目进度控制;(3)项目质量控制;(4)项目安全控制;(5)项目成本控制;(6)项目人力资源管理;(7)项目材料管理;(8)项目机械设备管理;(9)项目技术管理;(10)项目资金管理;(11)项目合同管理;(12)项目信息管理;(13)项目现场管理;(14)项目组织协调;(15)项目竣工验收;(16)项目考核评价;(17)项目回访保修。

(二)建筑工程施工项目管理程序

建筑工程施工项目的管理程序是项目建设程序中的一个过程，是施工单位从投标以后至竣工验收阶段的一段时间参与对项目的管理。建筑工程施工项目管理程序如下：

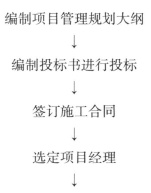

编制项目管理规划大纲

↓

编制投标书进行投标

↓

签订施工合同

↓

选定项目经理

↓

项目经理接受企业法定代表人委托组建项目经理部

↓

企业法定代表人与项目经理签订《项目管理目标责任书》

↓

项目经理部编制《项目管理实施规划》

↓

项目开工前的准备

↓

施工期间按照《项目管理实施规划》进行管理

↓

竣工验收阶段管理

↓

企业管理层组织考评委对项目管理工作进行考评

↓

项目经理部解体

↓

企业管理层根据《工程质量保修书》进行回访保修

由上可知，企业管理层和项目管理层均应参与施工项目的管理。企业管理层的项目管理从编制《项目管理规划大纲》开始至保修期结束；项目管理层的管理从项目经理组建项目经理部开始至项目经理部解体结束。

第二节　建筑工程项目管理组织

一、建筑工程项目管理组织

(一) 建筑工程项目管理组织概述

1.组织的含义

组织包含两层含义，第一层含义是指各生产要素相结合的形式和制度。通常前者表现为组织结构，后者表现为组织的工作规则。组织结构又称为组织形式，反映了生产要素相结合的结构形式，即管理活动中各种职能的横向分工和层次划分。组织结构运行的规则和各种管理职能分工的规则即工作制度。第二层含义是指管理的一种重要职能，即通过一定权力体系或影响力，为达到某种工作的目标，对所需要的一切资源（生产要素）进行合理配置的过程。它实质上是一种管理行为。

2. 建筑工程项目管理组织的概念

建筑工程项目管理组织是指建筑工程项目的参与者、合作者按照一定的规则或规律构成的整体，其是建筑工程项目的行为主体构成的协作系统。建筑工程项目投资大、建设周期长、参与项目的单位众多、社会性强，项目的实施模式具有复杂性。建筑工程项目的实施组织方式是通过研究工程项目的承发包模式，根据工程的合同结构和参与工程项目各方的工作内容来确定。建筑市场的市场体系主要由三个方面构成，即：以发包人为主体的发包体系；以设计、施工、供货方为主体的承建体系；以工程咨询、评估、监理为主体的咨询体系。市场主体三方的不同关系就会形成不同的建筑工程项目组织体系。

与此相对应的参加者、合作者大致有以下几类：

（1）项目所有者（通常又称为业主）

业主居于项目组织的最高层，对整个项目负责。业主最关心的是项目整体经济效益，业主在项目实施全过程中的主要责任和任务是对项目的宏观控制。

（2）项目管理者（主要是指监理单位）

项目管理者由业主选定，为业主提供有效、独立的管理服务，负责项目实施中的具体事务性管理工作。项目管理者的主要责任是实现业主的投资意图，保护业主利益，达到项目的整体目标。

（3）项目专业承包商

项目专业承包商包括专业设计单位、施工单位和供应商等。项目专业承包商构成项目的实施层。

（4）政府机构

政府机构包括政府的土地、规划、水、电、通信、环保、消防、公安等部门。政府机构的协作和监督决定项目的成败。其中，最重要的是建设部门的质量监督。

（二）建筑工程项目承包模式

建筑工程项目承包模式是指从事工程承包的企业受业主委托，按照合同约定对工程项目的勘察设计、采购、施工、试运行（竣工验收）等实行一个阶段或多个阶段或全过程的承包作业的项目交易方式。根据承包范围，可将工程承包模式分为三类。平行承包模式，即传统的设计、招标、施工依次进行的模式。单项总承包模式，比如施工总承包模式（GC 模式）。工程项目总承包模式，主要包括设计—施工总承包模式（DB 模式），设计—采购—施工总承包模式（EPC 模式）。由专业化机构进行项目管理的模式，如建筑工程管理模式（CM 模式）等。此外，还包括特殊的投融资和建设模式（BOT 模式）等。这里主要介绍以下四种模式：

1. 平行承包模式（DBB 模式）

（1）概念

平行承包模式即设计—招标—施工模式（Design-Bid-Build），简称为 DBB 模式，是指业主将设计、设备供应、土建、电气安装、机械安装、装饰等工程分别委托给不同的承包商，各承包商分别与业主签订合同，向业主负责，各承包商之间没有合同关系。这是一种在国际上比较通用且应用最早的工程项目发包模式之一。我国第一个利用世界银行贷款建设的项目——鲁布革水电站工程实行的就是这种模式。

（2）特点

1）有利于业主择优选择承包商

由于合同内容比较单一、合同价值小、风险小，对不具备总承包管理能力的中、小承包商较为有利，使他们有可能参与竞争。业主可以在更大范围内选择承包商。

2）有利于控制工程质量

通过分散平行承包，业主分阶段进行招标，可以通过协调和项目管理加强对工程实施过程的干预。同时，承包商之间存在着一定的制衡，各专业设计、设备供应、专业工程施工之间存在着制约关系。例如，主体工程与装修工程分别由两个施工单位承包，当主体工程不合格时，装修单位不会同意在不合格的主体工程上进行装修，这相当于有了他人控制，比自我控制更有约束力。

3）建设工期较长

该模式最突出的特点是强调工程项目的实施必须按照设计—招标—施工的顺序进行，只有在一个阶段结束后，另一个阶段才能开始，因此，建设周期较长。

4）组织管理和协调工作量大

在大型工程项目中，平行承包模式下业主需要面对很多承包商（设计单位、供应单位、施工单位），直接管理的承包商数量太多，管理跨度太大，容易造成项目协调的困难，造成工程中的混乱和项目失控现象，最终导致总投资的增加和工期的延长。该模式需要业主具备较强的项目管理能力。但是，业主可以委托项目管理公司（监理公司）进行工程管理。

5）业主负责各承包商之间的协调，对承包商之间由于互相干扰造成的问题承担责任

在整个项目的责任体系中会存在责任的"盲区"。例如，由于设计单位拖延造成施工图纸延误，土建和设备安装承包商向业主提出工期与费用索赔，而设计单位又不承担或者承担很少的赔偿责任，所以，这类工程中组织争执较多，索赔较多，工期比较长。

6）工程造价控制难度大

一是由于总合同价不易短期确定，从而影响工程造价控制的实施；二是由于工程招标任务量大，需要控制多项合同价格，从而增大了工程造价控制的难度。

此外，平行承包模式下设计和施工分别发包，易造成设计不考虑施工，缺乏对施工的指导和咨询等弊端，而且设计单位和施工承包商都缺乏项目优化的积极性。相对于总承包模式而言，平行承包模式不利于发挥那些技术水平高、综合管理能力强的承包商的综合优势。

长期以来，我国的项目管理都采用这种承发包模式。这是我国建设工程项目存在问题的最主要原因之一。

2. 施工总承包模式（GC 模式）

（1）概念

业主委托一个施工单位或由多个施工单位组成的施工联合体或施工合作体作为施工总承包单位，经业主同意，施工总承包单位可以根据需要将施工任务的一部分分包给其他符合资质的分包人，称为施工总承包模式（General Contractor），简称为 GC 模式。

（2）特点

1）投资控制方面

一般以施工图设计为投标报价的基础，投标人的投标报价较有依据；在开工前就有较明确的合同价，有利于业主的总投资控制；若在施工过程中发生设计变更，可能会引起索赔。

2）进度控制方面

由于一般要等施工图设计全部结束后，业主才进行施工总承包的招标，开工日期不可能太早，建设周期会比较长。这是施工总承包模式的最大缺点，限制了其在建设周期紧迫的建设工程项目上的应用。

3）质量控制方面

建设工程项目质量的好坏在很大程度上取决于施工总承包单位的管理水平和技术水平。

4）合同管理方面

业主只需要进行一次招标，与施工总承包商签约，因此招标及合同管理工作量将会减少。

5）组织与协调方面

由于业主只负责对施工总承包单位的管理及组织协调，其组织与协调的工作量相比平行发包而言会大大减少，对业主有利。

3. 设计—采购—施工总承包模式（EPC 模式）

设计—采购—施工总承包是指一家总承包商或承包商联合体对整个工程的设计（Engineering）、材料设备采购（Procurement）、工程施工（Construction）实行全面、全过程的"交钥匙"承包。

4. CM 承包模式

（1）概念

CM（Construction Management）承包模式是由业主委托 CM 单位，以一个承包商的身份，采取快速路径法（Fasttrack）的生产组织方式进行施工管理，直接指挥施工活动，在一定程度上影响设计活动，而它与业主的合同通常是采用"Costplus"方式的一种承发包模式。

（2）分类

CM 单位有代理型（Agency）和非代理型（Non-Agency）两种。

代理型 CM 承包模式是指 CM 承包商接受业主的委托进行整个工程的施工管理，协调设计单位与施工承包商的关系，保证在工程中设计和施工过程的搭接。业主直接与工程承包商和供应商签订合同，CM 单位主要从事管理工作，与设计、施工、供应单位没有合同关系，这种形式在性质上属于管理工作承包。

非代理型 CM 承包模式是指 CM 承包商直接与业主签订合同，接受整个工程施工的委托，再与分包商、供应商签订合同，CM 承包商承担相应的施工和供应风险，可认为它是一种工程承包模式。

（3）特点

1）采用快速路径法施工

即在工程设计尚未结束之前，当工程某些部分的施工图设计已经完成时，就开始进行该部分工程的施工招标，从而使这部分工程的施工提前到工程项目的设计阶段。

2）CM 合同采用成本加酬金方式

代理型和非代理型的 CM 合同是有区别的。由于代理型合同是业主与分包商直接签订，采用简单的成本加酬金的合同形式。而非代理型合同则采用保证最大工程费用（GMP）加酬金的合同形式。这是因为 CM 合同总价是在 CM 合同签订之后，随着 CM 单位与各分包商签约而逐步形成的。只有保证最大工程费用，业主才能控制工程总费用。

3）CM 承包模式在工程造价控制方面的价值

CM 承包模式特别适用于实施周期长、工期要求紧迫的大型复杂建设工程。其在工程造价控制方面的价值体现在以下几个方面：①与施工总承包模式相比，采用 CM 承包模式的合同价更具合理性。② CM 单位不赚取总包与分包之间的差价。③应用价值工程方法挖掘节约投资的潜力。④ GMP 大大减少了业主在工程造价控制方面的风险。

近年来，我国实行的工程代建制就属于非代理型 CM 模式在公共工程项目上的应用。根据国家发改委起草、国务院通过的《投资体制改革方案》，工程项目代建制是指政府投资项目通过招标投标的方式，选择专业化的项目管理公司，负责项目的投资管理和建设组织实施工作，项目建成交付使用单位。其实质是以专业化的项目管理公司代替建设单位行使建设期项目法人的职责，将传统管理体制中的"建、用合一"改为"建、用分开"，并割断建设单位与使用单位之间的利益关系，使用单位不直接参与建设，实现项目管理队伍的专业化，从而有效提高项目管理水平，有效控制质量、进度和费用，保证财政资金的使用效率。

二、建筑工程项目经理部

（一）建筑工程项目经理部的概念与设置原则

1. 项目经理部的概念

项目经理部是由项目经理在企业法定代表人授权和职能部门的支持下按照企业的相关规定组建的，进行项目管理的一次性组织机构。项目经理部直属项目经理领导，主要承担和负责现场项目管理的日常工作。在项目实施过程中，其管理行为应接受企业职能部门的监督和管理。

2. 项目经理部的设置原则

（1）目的性原则

从"一切为了确保建筑工程项目目标实现"这一根本目的出发，因目标而设事，因事而设人、设机构、分层次，因事而定岗定责，因责而授权。如果离开项目目标，或者颠倒这种客观规律，组织机构设置就会走偏方向。

（2）管理跨度原则

适当的管理跨度，加上适当的层次划分和适当的授权，是建立高效率组织的基本条件。因为领导是以良好的沟通为前提，只有命令而没有良好的双向沟通便不可能实施有效的领导，而良好的双向沟通只能在有限的范围内运行。因此，对于项目经理部而言，一要限制管理跨度；二要适当划分层次，即限制纵向领导深度。这就促使每一级领导都要保持适当的领导幅度，以便集中精力在职责范围内实施有效的领导。

（3）系统化管理原则

这是由项目自身的系统性所决定的。项目是由众多子系统组成的有机整体，这就要求项目经理部也必须是一个完整的组织结构系统，否则就会使组织和项目之间不匹配、不协调。因此，从项目经理部设置开始，就应根据项目管理的需要将职责划分、授权范围、人员配备加以统筹考虑。

（4）精简原则

项目经理部在保证履行必要职能的前提下，应尽量简化机构。"不用多余的人""一专多能"是项目经理部人员配备的原则，特别是要从严控制二、三线人员，以便提高效率、降低人工费用。

（5）类型适应原则

项目经理部有多种类型，分别适用于规模、地域、工艺技术等各不相同的工程项目，应当在正确分析工程特点的基础上选择适当的类型，设置相应的项目经理部组织形式。

（二）建立项目经理部应遵循的步骤

项目经理部作为一次性组织机构，其设立应严格按照组织管理制度和项目特点，随项目的开始而产生，设置项目经理部时，一般应按下列程序进行。

根据《项目管理规划大纲》确定项目经理部的管理任务和组织形式

↓

根据《项目管理目标责任书》进行目标分解与责任划分

↓

确定项目经理部的层次，设立职能部门与工作岗位

↓

确定人员的职责、分工和权限

↓

制定工作制度、考核制度与奖惩制度

（三）项目经理部的职能部门

项目经理部的职能部门及其人员配置，应当满足施工项目管理工作中合同管理、进度管理、质量管理、职业健康安全管理、环境管理、成本管理、资源管理、信息管理、风险管理等各项管理内容的需要。因此，项目经理部通常应设置下列部门：

1. 经营核算部门

经营核算部门主要负责预算、合同、索赔、资金收支、成本核算、劳动力的配置与分配等工作。

2. 工程技术部门

工程技术部门主要负责生产调度、文明施工、技术管理、施工组织设计、计划统计等工作。

3. 物资设备部门

物资设备部门主要负责材料的询价、采购、计划供应、管理、运输、工具管理、机械设备的租赁配套使用等工作。

4. 监控管理部门

监控管理部门主要负责工程质量、职业健康安全管理、环境保护等工作。

5. 测试计量部门

测试计量部门主要负责计量、测量、试验等工作。

项目经理部职能部门及管理岗位的设置，必须贯彻因事设岗、有岗有责和目标管理的原则，明确各岗位的责、权、利和考核指标，并对管理人员的责任目标进行检查、考核与奖惩。

（四）项目经理部的工作内容

（1）在项目经理领导下制定《项目管理实施规划》及项目管理的各项规章制度。（2）对项目资源进行优化配置和动态管理。（3）有效控制项目工期、质量、成本和安全等目标。（4）协调企业内部、项目内部及项目与外部各系统之间的关系，增进项目有关各部门之间的沟通，提高工作效率。（5）对施工项目目标和管理行为进行分析、考核和评价，并对各类责任制度的执行结果实施奖罚。

（五）项目经理部的解体

项目经理部作为一次性组织机构，应随项目的完成而解体，在项目竣工验收后，即应对其职能进行弱化，并经经济审计后予以解体。项目经理部解体应具备下列条件：（1）工程已经竣工验收；（2）与各分包单位已经结算完毕；（3）已协助企业管理层与发包人签订了"工程质量保修书"。（4）"项目管理目标责任书"已经履行完成，经企业管理层审核合格；（5）已与企业管理层办理了有关手续，主要是向相关职能部门交接清楚项目管理文件资料、核算账册、现场办公设备、公章保管、领借的工器具及劳防用品、项目管理人员的业绩考核、评价材料等；（6）现场清理完毕。

（六）项目经理部的组织形式

项目经理部的组织形式是指施工项目管理组织中处理管理层次、管理跨度、部门设置和上下级关系的组织结构的类型，可繁可简、可大可小，其复杂程度和职能范围完全取决于组织管理体制、项目规模和人员素质。以下介绍几种常见的基本类型：

1. 直线式

（1）特征

每个团队成员均只有一个上级，上级对下级的管理是直接的。各种职能均按直线排列，任何一个下级只接受唯一上级的指令。

（2）优点

组织机构简单，隶属关系明确；权力集中，命令源唯一；职责分明，决策迅速。

（3）缺点

指令路径过长会造成组织系统运行困难；由于未设置职能部门，项目经理没有参谋和助手，要求领导者通晓各种业务，成为"全能式"人，对项目经理的综合素质要求较高。

（4）适用范围

适用于中、小型项目或工期紧迫或多部门密切配合的大、中型项目。

2. 职能式

（1）特征

职能式组织是在各管理层次之间设置职能部门，各职能部门分别从职能角度对下级执行者进行业务管理。在职能式组织形式中，各级领导不直接指挥下级，而是指挥职能部门。各职能部门可以在上级领导的授权范围内，就其所辖业务范围向下级执行者发布命令和指示。

（2）优点

强调管理业务的专门化，注意发挥各类专家在项目管理中的作用；职责单一、明确，关系简单，便于整体协调。

（3）缺点

有多个指令源，信息传递路线长，易造成管理混乱；协调难度大；项目组成员责任淡化，容易造成职责不清。

（4）适用范围

适用于中小型的、产品品种比较单一、生产技术发展变化较慢和外部环境比较稳定的企业。具备以上特性的企业，其经营管理相对简单，部门较少，横向协调的难度小，对适应性的要求较低，因而，其可以使职能式组织形式的缺点不突出，而优点却能得到较为充分的发挥。

3. 矩阵式

（1）特征

上一级组织管理规模较大，存在利用管理规模效益的可能。上一级组织已在该系统层面设立了专业分工细化的职能部门。在面临项目管理任务时，同时设立了分别的项目管理部门。项目部与各职能部门联合管理同一项目，导致矩阵中的成员接受职能部门负责人和项目经理的双重领导。

（2）优点

矩阵式组织具有很大的弹性和适应性，可根据工作需要，集中各种专门的知识和技能，短期内迅速完成任务。可发挥项目部门的统筹协调及现场密切跟踪作用。上一级组织的负责人可以运用组合管理技能较为灵活地设置上述两种机构之间的分工组合。

（3）缺点

职能部门与项目部门之间需要进行较大量的协调。项目部成员根据工作需要临时从各职能部门抽调，其隶属关系不变，可能产生临时观念，影响工作责任心，且接受并非总保持一致的双重领导，工作中有时会无所适从。项目管理业绩的考核较为困难。

（4）划分

根据项目的上一级组织系统最高负责人对内部机构设置的战略设想、对人员与部门的了解和判断、对相关工作连续性和稳定性的考虑等，按对项目部与职能部门授予最终决定权的不同，以及对项目的管理是由项目部主导还是由专业职能部门主导，矩阵式组织又可分为强矩阵、弱矩阵和平衡矩阵三种方式。

（5）适用范围

适用于同时承担多个项目的企业及大型、复杂的施工项目，需要多部门、多技术、多工种配合施工，施工阶段中对人员有着不同的数量和搭配需求，宜采用矩阵式组织形式。

4. 事业部式

（1）特征

针对特定的产品、地区及目标客户成立特定的事业部。如麦当劳公司按区域成立事业部；美的电器按产品类别划分事业部；一些银行则按客户所在行业类别建立事业部。在纵向关系方面，按照"集中决策、分散经营"的原则划分总部和事业部之间的管理权限，即重大事项由集团公司最高决策层进行决策，事业部独立经营。

在横向关系方面，事业部为利润中心，实行独立核算。总部和事业部内部仍然按照直线职能式结构进行组织设计，这样即可保证事业部组织形式的稳定性。事业部的独立性是相对的，不是独立的法人，只是总部的一个分支机构，对利润没有支配权，不能对外进行融资和投资。

（2）优点

总公司领导可以摆脱日常事务，集中精力考虑全局问题。事业部实行独立核算，更能发挥经营管理的积极性，有利于组织专业化生产和实现企业的内部协作。各事业部之间有了比较和竞争，这种比较和竞争有利于企业的发展。事业部内部的供、产、销之间容易协调，不像在直线职能制下需要高层管理部门过问。事业部经理要从事业部全局来考虑问题，这有利于培养和训练管理人才。

（3）缺点

一方面，公司与事业部的职能机构重叠，构成管理人员浪费；另一方面，事业部实行独立核算，各事业部只考虑自身的利益，影响事业部之间的协作，一些业务联系与沟通往往也被经济关系所替代。

（4）适用范围

适用于规模庞大、品种繁多、技术复杂的大型企业，特别是适用于远离公司本部的施工项目、海外工程承包，是国外较大的联合公司所采用的一种组织形式，也是近几年我国一些大型企业集团或公司采取的主要形式。

需要注意的是，一个地区只有一个项目，没有后续工程时，不宜设立地区事业部，即它适用于在一个地区有长期市场或有多种专业化施工力量的企业采用。在这种情况下，事业部与地区市场寿命相同，地区没有项目时，该事业部应予以撤销。

三、建筑工程项目经理

项目经理部是项目组织的核心，而项目经理主持着项目经理部的工作，项目经理居于整个项目的核心地位，对项目的成败起决定性作用。工程实践证明，一个强大的项目经理领导一个弱的项目经理部，比一个弱的项目经理领导一个强的项目经理部，项目成就会更大。业主在选择承包商和项目管理公司时也十分注重对项目经理的经历、经验和能力的审查，并赋予其一定的权重，作为定标、签订合同的指标之一。而很多建筑施工单位的项目管理工作也将对项目经理的选拔、培养作为企业发展战略之一。

建筑工程项目管理有多种类型。因此，一个建筑工程项目的项目经理也有多种类型，如建设单位的项目经理、设计单位的项目经理和施工单位的项目经理。

就建筑施工企业而言，项目经理是企业法定代表人在施工项目中派出的全权代表。建设部颁发的《建筑施工企业项目经理资质管理办法》指出："施工企业项目经理是受企业法定代表人委托，对工程项目施工过程全面负责的项目管理者，是建筑施工企业法定代表人在工程项目上的代表人。"这就决定了项目经理在项目中是最高的责任者、组织者，是项目决策的关键人物。项目经理在项目管理中处于中心地位。

为了确保工程项目的目标实现，项目经理不应同时担任两个或两个以上未完工程项目领导岗位的工作。为了确保工程项目实施的可持续性及项目经理责任、权利和利益的连贯性和可追溯性，在项目运行正常的情况下，企业不应随意撤换项目经理。但在工程项目发生重大安全、质量事故或项目经理违法违纪时，企业可撤换项目经理，而且必须进行绩效审计，并按合同规定通告有关单位。

第二章　建筑工程成本、进度及质量管理

第一节　建筑工程成本管理

一、施工成本管理

（一）建筑工程项目成本管理的定义及理念

1. 建设工程项目成本管理的定义、目的

建筑工程项目成本管理是指为保证项目实际发生的成本不超过项目预算成本所进行的项目资源计划编制、项目成本估算、项目成本预算和项目成本控制等方面的管理活动。建设工程项目成本管理也可以理解为为了保证完成项目目标，在批准的项目预算内，对项目实施成本所进行的按时、保质、高效的管理过程和活动。

建筑工程项目成本管理的目的是通过依次满足项目建设的阶段性成本目标，实现实际成本不超出计划额度要求，并同时取得工程建设投资的经济、社会及生态环境效益。项目成本管理可以及时发现和处理项目执行中出现的成本方面的问题，达到有效节约项目成本的目的。

2. 建设工程项目成本管理的理念

为了能够科学、客观地遵循项目管理的客观规律，在建设工程项目成本管理中应树立以下两种理念：一是全过程——项目全生命周期成本管理的理念；二是全方位——项目全面成本管理的理念。

（1）项目全生命周期成本管理

项目全生命周期成本管理（Life Cycle Cost，LCC）的理念主要是由英美的一些学者和实际工作者在 20 世纪 70 年代末和 80 年代初提出的，其核心内容如下：项目全生命周期成本管理是项目投资决策的一种工具，是一种用来选择项目备选方案的方法。项目全生命周期成本管理是项目设计的一种指导思想和手段，项目全生命周期成本管理要计算项目整个服务期的所有成本，包括直接的、间接的、社会的和环境的成本等。项目全生命周期成本管理是一种实现项目全生命周期（包括项目前期、项目实施期和项目使用期）总成本最小化的方法。

项目全生命周期成本管理理念的根本点就是要求人们从项目全生命周期出发，考虑项目成本和项目成本管理问题，其中最关键的是要实现项目整个生命周期总成本的最小化。

（2）项目全面成本管理的理念

全面成本管理就是通过有效地使用专业知识和专业技术控制项目资源、成本、盈利和风险。国际全面成本管理促进会对"全面成本管理"的系统方法所涉及的管理内容给出了界定，项目全面成本管理主要包括以下几个阶段与工作：

1）启动阶段相关的项目成本管理工作。

2）说明目的、使命、目标、指标、政策和计划阶段项目成本管理工作。

3）定义具体要求和确定管理技术阶段相关的项目成本管理工作。

4）评估和选择项目方案阶段相关的项目成本管理工作。

5）根据选定方案进行初步项目开发与设计阶段相关的项目成本管理工作。

6）获得设备和资源阶段相关的项目成本管理工作。

7）实施阶段相关的项目成本管理工作。

8）完善和提高阶段相关的项目成本管理工作。

9）退出服务和重新分配阶段相关的项目成本管理工作。

10）补救和处置阶段相关的项目成本管理工作。

（二）建筑工程项目成本管理的因素及过程

1. 建筑工程项目成本管理应考虑的因素

建筑工程项目成本管理首先要考虑完成项目活动所需资源的成本，这也是建设工程项目成本管理的主要内容。

建筑工程项目成本管理要考虑各种决策对项目最终产品成本的影响程度，如增加对某个构件检查的次数会增加该过程的测试成本，但这样会减少项目客户的运营成本。在决策时，要比较增加的测试成本和减少的运营成本的大小关系，如果增加的测试成本小于减少的运营成本，则应该增加对某个构件的检查次数。

建设工程项目成本管理还要考虑不同项目关系人对项目成本的不同需求，项目关系人会在不同的时间以不同的方式了解项目成本的信息。例如，在项目采购过程中，项目客户可能在物料的预订、发货和收货等阶段详细或大概地了解成本信息。

2. 工程项目成本控制的基本步骤

①比较：通过比较实际与计划费用，确定有无偏差及偏差大小程度；②分析：确定偏差的严重性及产生偏差的原因；③预测：按偏差发展趋势估计项目完成时的费用，并以此作为成本控制的决策依据；④纠偏：根据偏差分析和预测结果，采取

相应缩小偏差行动；⑤检查：基于对纠偏措施执行情况、效果的确认，决定是否继续实施上述步骤，通过措施调整，持续进行纠偏活动，或在必要时，调整不合理的项目成本方案或成本目标。

二、施工成本计划

施工成本计划是以货币形式编制施工项目在计划期内的生产费用、成本水平、成本降低率以及为降低成本所采取的主要措施和规划的书面方案。它是建立施工项目成本管理责任制、开展成本控制和核算的基础。此外，它还是项目降低成本的指导文件，是设立目标成本的依据，即成本计划是目标成本的一种形式。施工成本计划应满足如下要求：

(1) 合同规定的项目质量和工期要求。

(2) 组织对项目成本管理目标的要求。

(3) 以经济合理的项目实施方案为基础的要求。

(4) 有关定额及市场价格的要求。

(5) 类似项目提供的启示。

(一) 建筑工程项目成本计划的类型

1. 竞争性成本计划

竞争性成本计划是施工项目投标及签订合同阶段的估算成本计划。这类成本计划以招标文件中的合同条件、投标者须知、技术规范、设计图纸和工程量清单为依据，以有关价格条件说明为基础，结合调研、现场踏勘和答疑等情况，根据施工企业自身的工料消耗标准、水平、价格资料和费用指标等，对本企业完成投标工作所需要支出的全部费用进行估算。

2. 指导性成本计划

指导性成本计划是选派项目经理阶段的预算成本计划，是项目经理的责任成本目标。这是组织在总结项目投标过程、部署项目实施时，以合同价为依据，按照企业的预算定额标准制订的设计预算成本计划，且一般情况下确定责任总成本目标。

3. 实施性成本计划

实施性成本计划是项目施工准备阶段的施工预算成本计划，它是以项目实施方案为依据，以落实项目经理责任目标为出发点，采用企业的施工定额通过施工预算的编制而形成的实施性施工成本计划。

（二）建筑工程项目成本计划的内容

1. 编制说明

编制说明是对工程的范围、投标竞争过程及合同条件、承包人对项目经理提出的责任成本目标、施工成本计划编制的指导思想和依据等的具体说明。

2. 施工成本计划的指标

施工成本计划的指标应经过科学地分析预测确定，可以采用对比法、因素分析法等方法。施工成本计划一般情况下包括三类指标：成本计划的数量指标、成本计划的质量指标和成本计划的效益指标。

3. 按成本性质划分的单位工程成本汇总表

根据清单项目的造价分析，分别对人工费、材料费、机具费和企业管理费进行汇总，形成单位工程成本计划表。

（三）建筑工程项目成本计划的编制依据

编制施工成本计划需要广泛收集相关资料并进行整理，作为施工成本计划编制的依据。施工成本计划的编制依据包括以下内容：

（1）投标报价文件。

（2）企业定额、施工预算。

（3）项目实施规划或施工组织设计、施工方案。

（4）市场价格信息，如人工、材料、机械台班的市场价；企业颁布的材料指导价、企业内部机械台班价格、劳动力内部挂牌价格。

（5）周转设备内部租赁价格、摊销损耗标准。

（6）合同文件，包括已签订的工程合同、分包合同、结构件外加工合同和合同报价书等。

（7）类似项目的成本资料，如以往同类项目成本计划的实际执行情况及有关技术经济指标完成情况的分析资料。

（8）施工成本预测、决策的资料。

（9）项目经理部与企业签订的承包合同及企业下达的成本降低额、降低率和其他有关技术经济指标。

（10）拟采取的降低施工成本的措施。

（四）建筑工程项目成本计划的编制步骤

（1）项目经理部按项目经理的成本承包目标确定建筑工程施工项目的成本管理

目标和降低成本管理目标，后两者之和应低于前者。

（2）按分部分项工程对施工项目的成本管理目标和降低成本目标进行分解，确定各分部分项工程的目标成本。

（3）按分部分项工程的目标成本实行建筑工程施工项目内部成本承包，确定各承包队的成本承包责任。

（4）由项目经理部组织各承包班组确定降低成本技术组织措施，并计算其降低成本效果，编制降低成本计划，与项目经理降低成本目标进行对比，经过反复对降低成本措施进行修改而最终确定降低成本计划。

（5）编制降低成本技术组织措施计划表以及降低成本计划表和施工项目成本计划表。

（五）建筑工程项目成本计划的编制方法

施工成本计划的编制以成本预测为基础，关键是确定目标成本。计划的制订需结合施工组织设计的编制过程，通过不断地优化施工技术方案和合理配置生产要素进行工、料、机消耗的分析，制定一系列节约成本的措施，确定施工成本计划。一般情况下，施工成本计划总额应控制在目标成本的范围内，并建立在切实可行的基础上。

施工总成本目标确定之后，还需通过编制详细的实施性施工成本计划把目标成本层层分解，落实到施工过程的每个环节，有效地进行成本控制。施工成本计划的编制方式有以下几种：

1. 按项目成本组成编制项目成本计划

施工成本可以按成本构成分解为人工费、材料费、施工机具使用费、企业管理费和利润等。

2. 按施工项目组成编制施工成本计划

大中型工程项目通常是由若干单项工程构成的，而每个单项工程包括多个单位工程，每个单位工程又是由若干个分部分项工程所构成。因此，首先要把项目总施工成本分解到单项工程和单位工程中，再进一步分解到分部工程和分项工程中。

在完成施工项目成本目标分解之后，接下来就要具体地分配成本，编制分项工程的成本支出计划，从而得到详细的分项工程成本计划表。

在编制成本计划时，要在项目方面考虑总的预备费，也要在主要的分项工程中安排适当的不可预见费，避免在具体编制成本计划时，可能发现个别单位工程或工程量表中某项内容的工程量计算有较大出入，使原来的成本预算失实，并在项目实施过程中对其尽可能地采取一些措施。

3. 按工程进度编制施工成本计划

编制按时间进度的费用计划，通常可通过控制项目进度的网络图进一步扩充而得。利用网络图控制投资，即要求在拟订工程项目的执行计划时，一方面确定完成各项工作所需花费的时间，另一方面同时确定完成这一工作的合适的成本支出计划。在实践中，将工程项目分解为既能方便地表示时间，又能方便地表示施工成本支出计划的工作是不容易的。通常如果项目分解程度对时间控制合适的话，则对施工成本支出计划可能分解过细，以至于不可能对每项工作确定其施工成本支出计划；反之亦然。

三、施工成本控制

建筑工程项目成本控制是在项目成本的形成过程中，对生产经营所消耗的人力资源、物资资源和费用开支进行指导、监督、检查和调整，及时纠正将要发生和已经发生的偏差，把各项生产费用控制在计划成本的范围之内，以保证成本目标的实现。

（一）建筑工程项目成本控制的依据

建筑工程项目成本控制的依据包括以下内容：

1. 工程承包合同

施工成本控制要以工程承包合同为依据，围绕降低工程成本这个目标，从预算收入和实际成本两方面研究节约成本、增加收益的有效途径，以求获得最大的经济效益。

2. 施工成本计划

施工成本计划是根据施工项目的具体情况制订的施工成本控制方案，既包括预定的具体成本控制目标，又包括实现控制目标的措施和规划，是施工成本控制的指导文件。

3. 进度报告

进度报告提供了对应时间节点的工程实际完成量，工程施工成本实际支付情况等重要信息。施工成本控制工作正是通过实际情况与施工成本计划相比较，找出二者之间的差别，分析偏差产生的原因，从而采取措施改进以后的工作。此外，进度报告还有助于管理者及时发现工程实施过程中存在的隐患，并在可能造成重大损失之前采取有效措施，尽量避免损失。

4. 工程变更

在项目的实施过程中，由于各方面的原因，工程变更是很难避免的。工程变更一般包括设计变更、进度计划变更、施工条件变更、技术规范与标准变更、施工次序变更和工程量变更等。一旦出现变更，工程量、工期、成本都有可能发生变化，从而使施工成本控制工作变得更加复杂和困难。因此，施工成本管理人员应当通过对变更要求中各类数据的计算、分析，及时掌握变更情况，包括已发生的工程量、将要发生的工程量、工期是否拖延、支付情况等重要信息，判断变更以及变更可能带来的索赔额度等。

除了上述几种施工成本控制工作的主要依据以外，施工组织设计、分包合同等有关文件资料也都是施工成本控制的依据。

(二) 建筑工程项目成本控制的步骤

1. 比较

按照某种确定的方式将施工成本计划值与实际值逐项进行比较，以确定实际成本是否超过计划成本。

2. 分析

在比较的基础上，对比较的结果进行分析，以确定偏差的严重性及偏差产生的原因。这一步是施工成本控制工作的核心，其主要目的在于找出产生偏差的原因，从而采取针对性的措施，减少或避免相同原因导致的偏差再次发生或减少由此造成的损失。

3. 预测

按照项目实施情况估算完成整个项目所需要的总成本，为资金准备和投资者决策提供理论基础。

4. 纠偏

当工程项目的实际施工成本出现了偏差，应当根据工程的具体情况、偏差分析和预测的结果采取适当的措施，以期达到使施工成本偏差尽可能小的目的。纠偏是施工成本控制中最具实质性的一步。

纠偏首先要确定纠偏的主要对象，偏差原因中有些是无法避免和控制的，如客观原因，充其量只能对其中少数原因做到防患于未然，力求减少该原因所产生的经济损失。在确定了纠偏的主要对象之后，就需要采取有针对性的纠偏措施。纠偏可采用组织措施、经济措施、技术措施和合同措施等。

5. 检查

它是指对工程的进展进行跟踪和检查，及时了解工程进展状况以及纠偏措施的执行情况和效果，为今后的工作积累经验。

（三）建筑工程项目成本控制的方法

1. 施工成本的过程控制方法

施工阶段是成本发生的主要阶段，该阶段的成本控制主要是通过确定成本目标并按计划成本组织施工，合理配置资源，对施工现场发生的各项成本费用进行有效的控制。其具体的控制方法如下：

（1）人工费的控制

人工费的控制实行"量价分离"的方法，将作业用工及零星用工按定额劳动量（工日）的一定比例综合确定用工数量与单价，通过劳务合同管理进行控制。

（2）材料费的控制

材料费的控制同样按照"量价分离"原则，控制材料价格和材料用量。

1）材料价格的控制

施工项目的材料物资，包括构成工程实体的主要材料和结构件，以及有助于工程实体形成的周转使用材料和低值易耗品。从价值角度看，材料物资的价值约占建筑安装工程造价的 60% 甚至 70% 以上。因此，对材料价格的控制非常重要。

材料价格主要由材料采购部门控制。由于材料价格是由买价、运杂费、运输中的合理损耗等几部分组成，因此控制材料价格主要是通过掌握市场信息，应用招标和询价等方式控制材料、设备的采购价格。

对于买价的控制应事先对供应商进行考察，建立合格供应商名册。采购材料时，在合格供应商名册中选定供应商，在保证质量的前提下，争取最低价；对运费的控制应就近购买材料、选用最经济的运输方式，要求供应商在指定的地点按规定的包装条件交货；对于损耗的控制，为防止将损耗或短缺计入项目成本，要求项目现场材料验收人员及时办理验收手续，准确计量材料数量。

2）材料用量的控制

在保证符合设计要求和质量标准的前提下，合理使用材料，通过定额控制、指标控制、计量控制和包干控制等手段，有效控制物资材料的消耗。

（3）施工机械使用费的控制

合理选择和使用施工机械设备对成本控制具有十分重要的意义，尤其是高层建筑施工。据某些工程实例统计，高层建筑地面以上部分的总费用中，垂直运输机械费用占 6% ~ 10%。由于不同的起重运输机械各有不同的特点，因此在选择起重运输机械时，首先应根据工程特点和施工条件确定采取的起重运输机械的组合方式。

施工机械使用费主要由台班数量和台班单价两方面决定，因此为有效控制施工机械使用费支出，应主要从以下几个方面进行控制：

1）合理安排施工生产，加强设备租赁计划管理，减少因安排不当引起的设备闲置。

2）加强机械设备的调度工作，尽量避免窝工，提高现场设备利用率。

3）加强现场设备的维修保养，避免因不正当使用造成机械设备的停置。

4）做好机上人员与辅助生产人员的协调与配合，提高施工机械台班产量。

（4）施工分包费用的控制

分包工程价格的高低，必然对项目经理部的施工项目成本产生一定的影响。因此，施工项目成本控制的重要工作之一是对分包价格的控制。决定分包范围的因素主要是施工项目的专业性和项目规模。对分包费用的控制主要是做好分包工程的询价、订立互利平等的分包合同、建立稳定的分包关系网络、加强施工验收和分包结算等工作。

2. 挣得值法

挣得值法 EVM（EarnedValueManagement）作为一项先进的项目管理技术，是20世纪70年代美国开发研究的，首先在国防工业中应用并获得成功。目前，国际上先进的工程公司已普遍采用挣得值法进行工程项目的费用、进度综合分析控制。用挣得值法进行费用、进度综合分析控制，基本参数有三项，即已完工作预算费用、计划工作预算费用和已完工作实际费用。

挣得值法的三个基本参数：

已完工作预算费用 BCWP（Budgeted CostforWork Performed）是指在某一时间已经完成的工作（或部分工作），以批准认可的预算为标准所需要的资金总额。由于发包人正是根据这个值为承包人完成的工作量支付相应的费用，也就是承包人获得（挣得）的金额，故称为挣得值或赢得值。

已完工作预算费用（BCWP）= 已完成工作量 × 预算单价

计划工作预算费用 BCWS（Budgeted CostforWork Scheduled），即根据进度计划，在某一时刻应当完成的工作（或部分工作），以预算为标准所需要的资金总额。一般来说，除非合同有变更，BCWS 在工程实施过程中应保持不变。

计划工作预算费用（BCWS）= 计划工作量 × 预算单价

已完工作实际费用 ACWP（ActualCostforWork Performed），即到某一时刻为止，已完成的工作（或部分工作）所实际花费的总金额。

已完工作实际费用（ACWP）= 已完成工作量 × 实际单价

四、建筑工程项目成本核算

成本核算是对工程项目施工过程中直接发生的各种费用进行的项目施工成本核

算。通过核算确定成本盈亏情况，为及时改善成本管理提供基础依据。

（一）建筑工程项目成本核算的对象

建筑工程项目成本核算对象是指在计算工程成本中，确定归集和分配生产费用的具体对象，即生产费用承担的客体。具体的成本核算对象主要应根据企业生产的特点加以确定，同时还应考虑成本管理上的要求。

施工项目不等于成本核算对象。一个施工项目可以包括几个单位工程，需要分别核算。单位工程是编制工程预算、制订施工项目工程成本计划和与建设单位结算工程价款的计算单位，一般有以下几种划分方法：

（1）一个单位工程由几个施工单位共同施工时，各施工单位都应以同一单位工程为成本核算对象，各自核算自行完成的部分。

（2）规模大、工期长的单位工程可以将工程划分为若干部位，以分部位的工程作为成本核算对象。

（3）同一建设项目由同一施工单位施工，并在同一施工地点，属同一结构类型，开竣工时间相近的若干单位工程可以合并作为一个成本核算对象。

（4）改建、扩建的零星工程，可以将开竣工时间相接近，属于同一建设项目的各个单位工程合并作为一个成本核算对象。

（5）土石方工程、打桩工程可以根据实际情况和管理需要，以一个单项工程为成本核算对象，或将同一施工地点的若干个工程量较少的单项工程合并作为一个成本核算对象。

（二）施工项目成本核算的基本要求

1. 划清成本、费用支出和非成本支出、费用支出界限
划清不同性质的支出是正确计算施工项目成本的前提条件，即需划清资本性支出和收益性支出与其他支出、营业支出与营业外支出的界限。

2. 正确划分各种成本、费用的界限
（1）划清施工项目工程成本和期间费用的界限。
（2）划清本期工程成本与下期工程成本的界限。
（3）划清不同成本核算对象之间的成本界限。
（4）划清未完工程成本与已完工程成本的界限。

3. 加强成本核算的基础工作
（1）建立各种财产物资的收发、领退、转移、报废、清查、盘点、索赔制度。
（2）建立健全与成本核算有关的各项原始记录和工程量统计制度。

（3）制定或修订工时、材料、费用等各项内部消耗定额以及材料、结构件、作业、劳务的内部结算指导价。

（4）完善各种计量检测设施，严格计量检验制度，使项目成本核算具有可靠的基础。

（5）项目成本计量检测必须有账有据。成本核算中的数据必须真实可靠，一定要审核无误，并设置必要的生产费用账册，增设成本辅助台账。

（三）施工项目成本核算的原则

1. 确认原则

确认原则即对各项经济业务中发生的成本都必须按一定的标准和范围加以认定和记录。在成本核算中，常常要进行再确认，甚至是多次确认。

2. 分期核算原则

企业为了取得一定时期的施工项目成本需将施工生产活动划分为若干时期，并分期计算各项项目成本。成本核算的分期应与会计核算的分期相一致。

3. 相关性原则

在具体成本核算方法、程序和标准的选择上，在成本核算对象和范围的确定上，成本核算应与施工生产经营特点和成本管理要求特性相结合，并与企业一定时期的成本管理水平相适应。

4. 一贯性原则

企业成本核算所采用的方法应前后一致。只有这样，才能使企业各项成本核算资料口径统一，前后连贯，相互可比。

5. 实际成本核算原则

企业核算要采用实际成本计价。即必须根据计算期内实际产量以及实际消耗和实际价格计算实际成本。

6. 及时性原则

企业成本的核算、结转和成本信息的提供应当在要求时间内完成。

7. 配比原则

营业收入与其相对应的成本、费用应当相互配合。

8. 权责发生制原则

凡是当期已经实现的收入和已经发生或应当负担的费用，不论款项是否收付都应作为当期的收入或费用处理；凡是不属于当期的收入和费用，即使款项已经在当期收付，也不应作为当期的收入和费用。

9. 谨慎原则

在市场经济条件下，在成本、会计核算中应当对企业可能发生的损失和费用做出合理预计，以增强抵御风险的能力。

10. 区分收益性支出与资本性支出原则

成本、会计核算应当严格区分收益性支出与资本性支出界限，以正确地计算当期损益。收益性支出是指该项支出的发生是为了取得本期收益，即仅仅与本期收益的取得有关。资本性支出是指不仅为取得本期收益而发生的支出，同时该项支出的发生有助于以后会计期间的支出。

11. 重要性原则

对于成本有重大影响的业务内容应作为核算的重点，力求精确。而对于那些不太重要的琐碎的经济业务内容可以相对从简处理，不要事无巨细地均做详细核算。

12. 清晰性原则

项目成本记录必须直观、清晰、简明、可控，便于理解和利用。

（四）施工项目成本核算的方法

1. 建立以项目为成本中心的核算体系

企业内部通过机制转换，形成和建立了内部劳务（含服务）市场、机械设备租赁市场、材料市场、技术市场和资金市场。项目经理部与这些内部市场主体发生的是租赁买卖关系，一切都以经济合同结算关系为基础。它们以外部市场通行的市场规则和企业内部相应的调控手段相结合的原则运行。

2. 实际成本数据的归集

项目经理部必须建立完整的成本核算财务体系，应用会计核算的方法，在配套的专业核算辅助下，对项目成本费用的收、支、结、转进行登记、计算和反映，归集实际成本数据。项目成本核算的财务体系主要包括会计科目、会计报表和必要的核算台账。

3. "三算"跟踪分析

"三算"跟踪分析是对分部分项工程的实际成本与预算成本，即合同预算（或施工图预算）成本进行逐项分别比较，反映成本目标的执行结果，即事后实际成本与事前计划成本的差异。

为了及时、准确、有效地进行"三算"跟踪分析，应按分部分项内容和成本要素划分"三算"跟踪分析，应按分部分项内容和成本要素划分"三算"跟踪分析项目。具体操作可先按成本要素分别编制，然后汇总分部分项综合成本。

一般来说，项目的实际成本总是以施工预算成本为均值轴线上下波动。通常，实际成本总是低于合同预算成本，偶尔也可能高于合同预算成本。

在进行合同预算成本、施工预算成本和实际成本三者比较时，合同预算成本和施工预算成本是静态的计划成本；实际成本则是来源于后期的施工过程，它的信息载体是各种日报、材料消耗台账等。通过这些报表，就能够收集到实际工、料等的准确数据，然后将这些数据与施工预算成本、合同预算成本逐项比较。一般每月度比较一次，并严格遵循"三同步"原则。

第二节 建筑工程进度管理

一、建筑工程施工项目进度计划的贯彻与实施

施工进度计划的贯彻实施就是按施工进度计划开展施工活动落实和完成计划。施工项目进度计划逐步实施的过程就是工程项目的逐步完成过程。为了保证施工进度计划的实施，使各项施工活动按照编制的进度计划所安排的顺序和时间有秩序地进行，保证各阶段进度目标和总进度目标的实现。

(一) 施工项目进度计划的贯彻

1.检查各层次的计划，形成严密的计划保证体系

施工项目各层次的施工进度计划（包括施工总进度计划、单位工程施工进度计划、分部分项工程施工进度计划）都是围绕一个总目标任务而编制的。它们之间的关系是高层次的计划作为低层次计划的编制和控制依据。低层次计划是高层次计划的深入和具体化。在贯彻执行时，应当首先检查各计划是否紧密配合、协调一致，计划目标是否层层分解、互相衔接，在施工顺序、空间安排、时间安排、资源供应等方面有无矛盾，以组成一个可靠的实施保证体系，并以施工任务书的方式下达到各施工队组，以保证计划的实施。

2.层层明确责任并利用施工任务书

总承包单位与各分包单位签订分包合同，施工项目经理、施工队和作业班组之间应分别签订目标责任书，按计划目标明确规定合同工期，相互承担的经济责任、权限和利益。施工单位内部采用下达施工任务书的形式，将作业任务和时间下达到施工班组，明确具体施工任务和劳动量、技术措施、质量要求等内容，使施工班组保证按作业计划完成规定的任务。

3.全面和层层实行计划交底，使全体工作人员共同实施计划

施工进度计划的实施是全体工作人员的共同行动。要使有关人员都明确各项计划的目标、任务、实施方案和措施，使管理层和作业层协调一致，将计划变成全体员工的自觉行动，充分调动和发挥每个员工的干劲和创造精神。因此，在计划实施前，必须进行计划交底工作，根据计划的范围和内容层层进行交底落实，以使施工有计划、有步骤，连续、均衡地进行。

(二) 施工项目进度计划的实施

1.编制月（旬）作业计划

施工进度计划是施工前编制的，虽然其目的是用于具体指导施工，但毕竟仅考虑了影响工期的主要施工过程，内容比较粗略，现场情况又不断发生较为复杂的变化。因此，在计划执行中还需要编制短期的、更为细致具体的执行计划，这就是月（旬）作业计划。为实施施工进度计划，将规定的任务结合现场施工条件，如施工场地的情况，材料、能源、劳动力、机械等资源条件和施工的实际进度，在施工开始前和过程中逐步编制本月（旬）的作业计划，使得施工计划更具体、更切合实际和可行。可以说，月（旬）计划是施工队组进行施工的直接依据，是改进施工现场管理和执行施工进度计划的关键措施。施工进度计划只有通过作业计划才能下达给工人，才有可能实现。施工作业计划可分为月作业计划和旬作业计划，一般由以下三部分组成：

（1）本月（旬）内应完成的施工任务

这部分主要是确定施工进度、列出计划期间内应完成的工程项目和实物工程量，开、竣工日期，以及施工进度的安排。它是编制其他作业计划的依据。

（2）完成计划任务的资源需要量

这部分是根据计划施工任务编制出的材料、劳动力、机具、构配件及加工品等需要量计划。

（3）提高劳动生产率和降低成本的措施

这部分是依据施工组织设计中的技术组织措施，结合计划月（旬）的具体施工情况，制定切实可行的提高劳动生产率和节约的技术组织措施。月（旬）作业进度计划可用横道图表示，也可以按照网络计划的形式进行编制。实际上，可以截取时标网络计划的一部分，根据实际情况加以调整并进一步细分和具体化。这种形式对计划的控制将更为方便，也有利于管理。作业计划的编制必须紧密结合工程实际和修正的网络计划，提出初步的作业计划建议指标，征求各有关施工队组的意见后，进行综合平衡，并对施工中的薄弱环节采取有效措施。作业计划的编制应满足三个条件：

一是做好同时施工的不同施工过程之间的平衡协调；二是对施工项目进度计划分期实施；三是施工项目的分解必须满足指导作业的要求，应划分至工序，并明确进度日程。作业计划编制后，通过施工任务书下达给施工班组。

2. 签发施工任务书

编制好月（旬）作业计划以后，需将每项具体任务通过签发施工任务书的方式使其进一步落实。施工任务书是基层施工单位向施工班（组）下达任务的计划技术文件，也是实行责任承包、全面管理，进行经济核算的原始凭证。因此，它是计划和实施两个环节间的纽带。

施工任务书应包括以下几方面内容：

（1）施工班（组）应完成的工程任务、工程量，完成该任务的开工、竣工日期和施工日历进度表。

（2）完成工程任务的资源需要量。

（3）完成工程任务所采用的施工方法、技术组织措施、工程质量、安全和节约措施的各项指标。

（4）登记卡和记录单，如限额领料单、记工单等。

由此可见，施工任务书充分贯彻和反映了作业计划的全部指标，是保证作业计划执行的基本文件，施工任务书应比作业计划更简明、扼要，便于工人领会和掌握，常采用表格形式体现。

3. 做好施工进度记录，掌握现场实际情况

在计划任务完成的过程中，各级施工进度计划的执行者都要实事求是地跟踪做好施工记录，如实记载计划执行中每项工作的开始日期、工作进程和完成日期。其作用是为项目进度检查、分析、调整、总结提供信息和经验资料。

4. 做好施工中的调度工作

施工调度是组织施工中各阶段、各环节、各专业和各工种互相配合，是进度协调的指挥核心。调度工作是保证施工按进度计划顺利实施的重要手段。其主要任务是掌握计划实施情况，协调各方面协作配合关系，采取措施，排除施工中出现的各种矛盾和问题，消除薄弱环节，实现动态平衡，保证作业计划的完成，以实现进度控制目标。因此，必须建立强有力的施工生产调度部门或调度网，并充分发挥其枢纽作用。

调度工作的主要内容有：监督作业计划的实施，调整和协调各方面的进度关系；监督检查施工准备工作；督促资源供应单位按计划供应劳动力、施工机具、运输车辆、材料和构配件等，并对临时出现的问题采取调配措施；按施工平面图管理施工现场，结合实际情况进行必要的调整，保证文明施工；了解气候及水、电供应情况，

采取相应的防范和保证措施；及时发现和处理施工中各种事故和意外事件；调节各薄弱环节；定期召开现场调度会议，贯彻施工项目主管人员的决策，发布调度令。

调度工作必须以作业计划和现场实际情况为依据，应从施工全局出发，按政策和规章制度办事；调度工作要及时、准确、灵活、果断。

二、建筑工程施工项目进度计划的调整

（一）分析进度偏差的影响

通过上述的进度比较存在进度偏差时，应当分析偏差对后续工作和对总工期的影响。

1. 分析进度偏差的工作是否为关键工作

若出现偏差的工作为关键工作，则无论偏差大小都会对后续工作及总工期产生影响，必须采取相应的调整措施。若出现偏差的工作不是关键工作，需要根据偏差值与总时差和自由时差的大小关系确定对后续工作和总工期的影响程度。

2. 分析进度偏差是否大于总时差

若工作的进度偏差大于该工作的总时差，说明此偏差必将影响后续工作和总工期，必须采取相应的调整措施；若工作的进度偏差小于或等于该工作的总时差，则说明此偏差对总工期无影响，但它对后续工作的影响程度需要根据比较偏差与自由时差的情况来确定。

3. 分析进度偏差是否大于自由时差

若工作的进度偏差大于该工作的自由时差，说明此偏差对后续工作产生影响，至于如何调整，应根据后续工作允许影响的程度而定；若工作的进度偏差小于或等于该工作的自由时差，则说明此偏差对后续工作无影响，因此，原进度计划可以不做调整。

经过如此分析，进度控制人员可以确认应该调整产生进度偏差的工作和偏差调整值的大小，以便确定采取调整措施，获得新的符合实际进度情况和计划目标的新进度计划。

（二）施工项目进度计划的调整方法

在对实施的进度计划分析的基础上，应确定调整原计划的方法，一般有以下两种方法：

1. 改变某些工作间的逻辑关系

若检查的实际施工进度产生的偏差影响了总工期，在工作之间的逻辑关系允许

改变的条件下，改变关键线路和超过计划工期的非关键线路上的有关工作之间的逻辑关系，达到缩短工期的目的。用这种方法调整的效果是很显著的，例如，可以把依次进行的有关工作改变为平行或互相搭接施工，以及分成几个施工段进行流水施工等，都可以达到缩短工期的目的。

2. 缩短某些工作的持续时间

这种方法是不改变工作之间的逻辑关系，而是通过增加人员或机械，增加班次来缩短某些工作的持续时间，或减少计划中的间歇时间及休息时间，而使施工进度加快，并保证实现计划工期的方法，其中被压缩持续时间的工作应是由于实际施工进度的拖延而引起总工期增加的关键线路和某些非关键线路上的工作。同时，这些工作又是可压缩持续时间的工作。这种方法实际上就是网络计划优化中的工期优化方法和工期与成本优化的方法。

三、网络计划技术

(一) 网络计划技术概述

1. 概念

网络计划技术也称网络计划法，是利用网络计划进行生产组织与管理的一种方法。网络计划技术是 20 世纪中叶在美国创造和发展起来的一项新计划技术，当初最有代表性的是关键线路法（CPM）和计划评审法（PERT）。这两种网络计划技术有一个共同的特征，那就是用网状图形来反映和表达计划的安排，统称为网络计划技术。

2. 网络计划技术的发展

美国杜邦公司提出了一种设想，即将每一活动（工作或顺序）规定起止时间，并按活动顺序绘制成网络状图形。该公司又设计了电子计算机程序，将活动的顺序和作业持续时间输入计算机，从而编制出新的进度控制计划。之后把此法应用于新工厂的建设，使该工程提前两个月完成，这就是关键线路法（CPM）。杜邦公司采用此法安排施工和维修等计划，仅一年时间就节约资金 100 万美元。

网络计划技术的成功应用引起了世界各国的高度重视，它被称为计划管理中最有效的、先进的、科学的管理方法。

从 20 世纪 80 年代起，建筑业在推广网络计划技术实践中，针对建筑流水施工的特点，提出了流水网络技术方法，并在实际工程中应用。网络计划技术是以系统工程的概念，运用网络的形式来设计和表达一项计划中各个工作的先后顺序和相互关系，通过计算关键线路和关键工作，并根据实际情况的变化不断优化网络计划，选择最优方案并付诸实施。

3.网络计划技术的特点

网络计划技术只不过是反映和表达计划安排的一种方法，它既不能决定施工的组织安排，也不能解决施工技术问题。相反，它是被施工方法决定的，只能适应施工方法的要求。它同流水作业法不同，流水作业法可以决定施工顺序和过程，而网络计划技术是把工程进度安排通过网络的形式直观地反映出来。

网络计划技术与横道图在性质上是一致的。横道图也称甘特图，它由美国人亨利·甘特创造的，是一种用于表达工程生产进度的方法。这种图是用横道在标有时间的表格上表示各项作业的起止时间和持续时间，从而表达出一项工作的全面计划安排。这种方法安排进度，具有简单、清晰、形象、易懂和使用方便等特点。这也正是它至今还在世界各国广泛流行的原因。但它也有一定的缺点，最重要的是它不能反映出整个工程中各工序之间相互依赖、相互制约的关系，更不能反映出某一工序的改变对工程进展的影响，使人们抓不住重点，看不到计划中的潜力，不知道怎样合理缩短工期，降低成本。

网络计划技术克服了横道图的不足。与横道图相比，网络计划技术具有以下优点：

（1）网络图把施工过程中的各有关工作组成了一个有机整体，能全面而明确地表达出各项工作开展的先后顺序和它们之间相互制约、相互依赖的关系。

（2）能进行各种时间参数的计算，通过对时间参数的计算，可以对网络计划进行调整和优化，以更好地调配人力、物力和财力，达到降低材料消耗和工程成本的目的。

（3）可以反映出整个工程和任务的全貌，明确对全局有影响的关键工作和关键线路，便于管理者抓住主要矛盾，确保工程按计划工期完成。

（4）能够从许多可行方案中选出最优方案。

（5）在计划实施中，某一工作由于某种原因推迟或提前时，可以预见到它对整个计划的影响程度，并能根据变化的情况迅速进行调整，保证计划始终受到控制和监督。

（6）能利用计算机绘制和调整网络图，并能从网络计划中获得更多的信息，这是横道图法所不能做到的。

网络计划技术可以为施工管理者提供许多信息，有利于加强施工管理，它是一种编制计划技术的方法，又是一种科学的管理方法。它有助于管理人员全面了解、重点掌握、灵活安排、合理组织、多快好省地完成计划任务，不断提高管理水平。

网络计划的表达形式是网络图。所谓网络图，是指由箭线和节点组成，用来表示工作流程的有向有序的网状图形。

按节点和箭线所代表的含义不同，网络图可分为双代号网络图和单代号网络图两大类。

4. 双代号网络计划

双代号网络图又称箭线式网络图，由工作、节点、线路三个基本要素组成。它是目前国际工程项目进度计划中最常用的网络控制图形。

（1）工作

工作也称过程、活动、工序，指工程计划任务按需要粗细程度划分而成的子项目或子工序。工作通常分为三种：既消耗时间又消耗资源的工作（如绑扎钢筋、浇筑钢筋混凝土）；只消耗时间而不消耗资源的工作（如钢筋混凝土养护、油漆干燥）；既不消耗时间也不消耗资源的工作。在工程实际中，前两项工作是实际存在的，通常称为实工作；后一种认为是虚设的，只表示相邻前后工作之间的逻辑关系，通常称为虚工作。

（2）节点

节点也称结点、事件或事项。在双代号网络图中，用带编号的圆圈表示节点。只有箭尾与之相连的节点称为起点节点，只有箭头与之相连的节点称为终点节点，既有箭尾又有箭头相连的节点称为中间节点。

（3）线路

线路又称路线。网络图中以起点节点开始，沿箭线方向连续通过一系列箭线与节点，最后到达终点节点的通路称为线路。

线路上各工作持续时间之和称为该线路的长度，也是完成这条线路上所有工作的计划工期。网络图中所需时间最长的线路称为关键线路，位于关键线路上的工作称为关键工作。关键工作没有机动时间，其完成的快慢直接影响整个工程项目的计划工期。关键线路常用粗箭线、双线或彩色线表示，以突出其重要性。

5. 单代号网络计划

单代号网络图又称节点式网络图，它是一种用节点表示工作，用箭线表示工作间逻辑关系的网络图。在单代号网络中，一个节点只表示一项工作，并且只有一个编号。

（二）网络计划的基本名词

1. 紧前工作、紧后工作、平行工作

（1）紧前工作

紧前工作（frontcloselyactivity）是指紧排在本工作之前的工作。

（2）紧后工作

紧后工作（backcloselyactivity）是指紧排在本工作之后的工作。

（3）平行工作

可与本工作同时进行的工作称为本工作的平行工作。

2. 内向箭线和外向箭线

（1）内向箭线

指向某个节点的箭线称为该节点的内向箭线。

（2）外向箭线

从某节点引出的箭线称为该节点的外向箭线。

3. 逻辑关系

（1）工艺关系

工艺关系是指生产上客观存在的先后顺序关系，或者是非生产性工作之间由工作程序决定的先后顺序关系。例如，建筑工程施工时，先做基础，后做主体；先做结构，后做装修。工艺关系是不能随意改变的。

（2）组织关系

组织关系是指在不违反工艺关系的前提下，人为安排工作的先后顺序关系。例如，建筑群中各个建筑物的开工顺序的先后、施工对象的分段流水作业等。组织顺序可以根据具体情况，按安全、经济、高效的原则统筹安排。

（3）空间关系

空间关系主要是指空间位置的工作安排，如先做楼层 1，再做楼层 2，之后做楼层 3……

4. 虚工作及其应用

在网络计划中，只表示前后相邻工作之间的逻辑关系，既不占用时间，也不耗用资源虚拟的工作称为虚工作。虚工作用虚箭线表示，其表达形式可垂直向上或向下，也可水平向右。虚工作起着联系、区分和断路三个作用。

（1）联系作用

虚工作不仅能表达工作间的逻辑关系，而且能表达不同幢号房屋之间的相互联系。

（2）区分作用

双代号网络计划用两个代号表示一项工作，如果两项工作用同一代号，则不能明确表示出该代号表示哪一项工作。因此，不同的工作必须用不同代号。

（3）断路作用

为了正确表达工作之间的逻辑关系，在出现逻辑错误的圆圈（节点）之间增设新节点（虚工作），切断毫无关系的工作关系联系，这种方法称为断路法。

由此可见，在双代号网络图中，虚工作是非常重要的，但在应用时要恰如其分，不能滥用，以必不可少为限。另外，增加虚工作后要进行全面检查，不要顾此失彼。

第三节　建筑工程质量管理

一、建筑工程项目质量控制概述

（一）质量

1. 产品质量

产品质量指产品满足人们在生产及生活中所需的使用价值及其属性。它们体现为产品的内在和外在的各种质量指标。产品质量可以从两个方面理解：第一，产品质量好坏和高低是根据产品所具备的质量特性能否满足人们需要及满足程度来衡量的；第二，产品质量具有相对性（一方面，产品质量对有关产品所规定的要求标准和规定等因时而异，会随时间、条件而变化；另一方面，产品质量满足期望的程度由于用户需求程度不同，因人而异）。

2. 工程质量

工程质量包括狭义和广义两个方面的含义：狭义的工程质量指施工的工程质量（施工质量）；广义的工程质量除指施工质量外，还包括工序质量和工作质量。

（1）施工质量

施工的工程质量是指承建工程的使用价值，也就是施工工程的适应性。

正确认识施工的工程质量是至关重要的。质量是为使用目的而具备的工程适应性，不是指绝对最佳的意思。应该考虑实际用途和社会生产条件的平衡，考虑技术可能性和经济合理性。建设单位提出的质量要求是考虑质量性能的一个重要条件，通常表示为一定幅度。施工企业应按照质量标准进行最经济的施工，以降低工程造价，提高性能，从而提高工程质量。

（2）工序质量

工序质量也称生产过程质量，是指施工过程中影响工程质量的主要因素（如人、机器设备、原材料、操作方法和生产环境五大因素）对工程项目的综合作用过程，是生产过程五大要素的综合质量。

（3）工作质量

工作质量是指施工企业的生产指挥工作、技术组织工作、经营管理工作对达到施工工程质量标准、减少不合格品的保证程度。它也是施工企业生产经营活动各项工作的总质量。

工作质量不像产品质量那样直观，一般难以定量，通常是通过工程质量的高低、不合格率的多少、生产效率以及企业盈亏等经济效果来间接反映和定量的。

施工质量、工序质量和工作质量虽然含义不同，但三者是密切联系的。施工质量是施工活动的最终成果，它取决于工序质量。工作质量则是工序质量的基础和保证。所以，工程质量问题绝不是就工程质量而抓工程质量所能解决的，既要抓施工质量，更要抓工作质量。必须提高工作质量来保证工序质量，从而保证和提高施工的工程质量。

3. 工程项目质量的特点

工程建设项目由于涉及面广，是一个极其复杂的综合过程，特别是重大工程具有建设周期长、影响因素多及施工复杂等特点，使得工程项目的质量不同于一般工业产品的质量，主要表现在以下几个方面：

（1）影响因素多

工程项目质量的影响因素多。如决策、设计、材料、机械、施工工序、操作方法、技术措施、管理制度及自然条件等，都直接或间接地影响工程项目的质量。

（2）波动范围大

因工程建设不像工业产品生产，有固定的自动线和流水线，有规范化的生产工艺和完善的检测技术，有成套的生产设备和稳定的生产环境，有相同系列规格和相同功能的产品。其本身的复杂性、多样性和单个性决定了工程项目质量的波动范围大。

（3）变异性

工程项目建设是涉及面广、工期长、影响因素多的系统工程建设。系统中任何环节、任何因素出现质量问题都将引起系统质量因素的质量变异，造成工程质量事故。

（4）隐蔽性

工程项目在施工过程中，由于工序交接多，中间产品多，隐蔽工程多，若不及时检查发现质量问题，事后再看表面，就容易判断错误，形成虚假质量。

（5）终检局限性

工程项目建成后，不可能像某些工业产品那样，通过拆卸或解体来检查内在的质量。即使发现质量有问题，也不可能像工业产品那样实行"包换"或"退款"。

4. 工程项目质量的影响因素

工程项目质量的影响因素可概括为人、材料、机械、方法（或工艺）和环境五大因素。严格控制这五大因素是保证工程项目质量的关键。

（1）人对工程质量的影响

人是指直接参与工程项目建设的管理者和操作者。工作质量是工程项目质量的一个组成部分，只有提高工作质量，才能保证工程产品质量，而工作质量又取决于与工程建设有关的所有部门和人员。因此，每个工作岗位和每个人的工作都直接或间接地影响工程项目的质量。提高工作质量的关键在于控制人的素质，人的素质主要包括思想觉悟、技术水平、文化修养、心理行为、质量意识、身体条件等。

（2）材料对工程质量的影响

材料是指工程建设中所使用的原材料、半成品、构件和生产用的机电设备等。材料质量是形成工程实体质量的基础，材料质量不合格，工程质量也就不可能符合标准。加强材料的质量控制是提高工程质量的重要保障。

（3）机械对工程质量的影响

机械是指工程施工机械设备和检测施工质量所用的仪器设备。施工机械是现代机械化施工中不可缺少的设施，它对工程施工质量有直接影响。在施工机械设备选型及性能参数确定时，都应考虑到它对保证质量的影响，特别要注意考虑它经济上的合理性、技术上的先进性和使用操作及维护上的方便。质量检验所用的仪器设备是评价质量的物质基础，它对质量评定有直接影响，应采用先进的检测仪器设备，并加以严格控制。

（4）方法或工艺对工程质量的影响

方法或工艺是指施工方法、施工工艺及施工方案。施工方案的合理性、施工方法或工艺的先进性均对施工质量影响极大。在施工实践中，往往由于施工方案考虑不周和施工工艺落后而拖延进度，影响质量，增加投资。为此，在制定和审核施工方案和施工工艺时，必须结合工程的实际，从技术、组织、管理、经济等方面进行全面分析，综合考虑，确保施工方案技术上可行、经济上合理，且有利于提高工程质量。

（5）环境对工程质量的影响

影响工程项目质量的环境因素很多，其中主要影响因素有自然环境，如地质、水文、气象等；技术环境，如工程建设中所用的规程、规范和质量评价标准等；工程地理环境，如质量保证体系、质量检验、监控制度、质量签证制度等。环境因素对工程项目质量的影响具有复杂和多变的特点，而且有些因素是人难以控制的。这就要求参与工程建设的各方应尽可能全面了解可能影响项目质量的各种环境因素，采取相应的控制措施，确保工程项目质量。

工程项目施工的最终成果是建成并准备交付使用的建设项目，是一种新增加的、能独立发挥经济效益的固定资产，它将对整个国家或局部地区的经济发展发挥重要作用。但是，只有合乎质量要求的工程才能投产和交付使用，才能发挥经济效益。如果建设质量不合格，就会影响按期使用或留下隐患，造成危害，建设项目的经济效益就不能发挥。为此，建设项目参与各方必须牢固树立"百年大计，质量第一"的思想，做到好中求快，好中求省。

（二）建设工程项目质量管理

1. 建设工程项目质量管理的定义

所谓质量管理，按国际标准（ISO）的定义是：为达到质量要求所采取的作业技术和活动。而建设工程项目质量管理是指企业为保证和提高工程质量，对各部门、各生产环节有关质量形成的活动进行调查、组织、协调、控制、检验、统计和预测的管理方法。广义地说，它是为了最经济地生产出符合使用者要求的高质量产品所采用的各种方法的体系。随着科学技术的发展和市场竞争的需要，质量管理已越来越为人们所重视，并逐渐发展为一门新兴的学科。

工程项目的质量形成是一个有序的系统过程。在这个过程中，为了使工程项目具有满足用户某种需要的使用价值及其属性，需要进行一系列的技术作业和活动，其目的在于监控工程项目建设过程中所涉及的各种影响质量的因素，并排除在质量形成的各相关阶段导致质量事故的因素，预防质量事故的发生。这些作业技术和活动包括在质量形成的各个环节中，所有的技术和活动都必须在受控状态下进行，这样才可能得到满足项目规定的质量要求的工程。在质量管理过程中，要及时排除在各个环节上出现的偏离相关规范、标准、法规及合同条款的现象，使之恢复正常，以达到控制的目的。

工程项目的质量管理包括业主的质量控制、承包商的质量控制和政府的质量控制三方面。在实行建设监理制中，业主的质量控制主要委托社会监理来进行，承包商的质量控制主要包含于设计、施工质量保证体系与全面质量管理中。

2. 建设工程项目质量管理的原则

（1）"质量第一"的原则

建设产品作为一种特殊的商品，具有使用年限长，质量要求高，一旦失事将会造成人民生命财产巨大损失的特点。因此，建设项目参与各方应自始至终把"质量第一"作为对工程项目质量管理的基本原则。

（2）"以人为核心"的原则

人是质量的创造者，质量管理必须"以人为核心"，把人作为管理的动力，调动人的积极性、创造性。处理好与各方的关系，增强质量意识，提高人的素质，避免人为失误，通过提高工作质量的方式确保工程质量。

（3）"预防为主"的原则

坚持"预防为主"的方针，注重事前、事中控制。这样既有效地控制了工程质量，也加快了工程进度，提高了经济效益。

（4）"按质量标准严格检查，一切用数据说话"的原则

质量标准是评价产品质量的尺度，数据是质量管理的依据。通过严格检查、整理、分析数据，判断质量是否符合标准，达到控制质量的目的。

3. 质量管理的基本方法

PDCA循环是人们在管理实践中形成的基本理论方法。从实践论的角度看，管理就是确定任务目标，并按照PDCA循环原理来实现预期目标。由此可见，PDCA是质量管理的基本方法。

（1）计划P（Plan）

计划可以理解为质量计划阶段，明确目标并制订显现目标的活动方案。在建设工程项目的实施中，"计划"是指各相关主体根据其任务目标和责任范围，确定质量控制的组织制度、工作程序、技术方法、业务流程、资源配置、检验试验要求、质量记录方式、不合格处理、管理措施等具体内容和做法的文件。"计划"还需对其实现预期目标的可行性、有效性、经济合理性进行分析论证，按照规定的程序与权限审批执行。

（2）实施D（Do）

实施包含两个环节，即计划行动方案的交底和按计划规定的方法与要求展开工程作业技术活动。计划交底的目的在于使具体的作业者和管理者，明确计划的意图和要求，掌握标准，从而规范行为，全面地执行计划的行动方案，步调一致地去努力实现预期的目标。

（3）检查C（Check）

检查指对计划实施过程进行各种检查，包括作业者的自检、互检和专职管理者专检。各类检查都包含两大方面：一是检查是否严格执行了计划的行动方案，实际条件是否发生了变化，不执行计划的原因；二是检查计划执行的结果，即产出的质量是否达到标准的要求，对此进行确认和评价。

（4）处置A（Action）

处置指对于质量检查所发现的质量问题或质量不合格，及时进行原因分析，采取必要的措施，予以纠正，保持质量形成的受控状态。处置分纠偏和预防两个步骤。前者是采取应急措施，解决当前的质量问题；后者是信息反馈管理部门，反思问题

症结或计划时的不周，为今后类似问题的质量预防提供借鉴。

在 PDCA 循环中，处理阶段是一个循环的关键，PDCA 的循环过程是一个不断解决问题、不断提高质量的过程。同时，在各级质量管理中都有一个 PDCA 循环，形成一个大环套小环、一环扣一环，互相制约，互为补充的有机整体。

二、建筑工程项目施工质量控制的内容和方法

（一）施工准备的质量控制

1. 施工技术准备工作的质量控制

施工技术准备工作内容繁多，主要在室内进行。它主要包括熟悉施工图纸，组织设计图纸审查和设计图纸交底；对工程项目拟检查验收的各子项目进行划分和编号；审核相关质量文件，细化施工技术方案、施工人员及机具的配置方案，编制作业技术指导书，绘制各种施工详图（如测量放线图、大样图及配筋、配板、配线图表等）进行技术交底和技术培训。

技术准备工作的质量控制就是复核审查上述技术准备工作的成果是否符合设计图纸和施工技术标准的要求；依据质量计划，审查、完善施工质量控制措施；针对质量控制点，明确质量控制的重点对象和控制方法；尽可能提高上述工作成果对施工质量的保证程度等。

2. 现场施工准备工作的质量控制

（1）计量控制

施工过程中的计量包括施工的投料计量、施工测量、监测计量以及对各子项目或过程的测试、检验和分析计量等。开工前，要建立和完善施工现场计量管理的规章制度；明确计量控制责任人，安排必要的计量人员；严格按规定维修和校验计量器具；统一计量单位，组织量值传递，保证量值统一，从而保证施工过程中计量的准确。

（2）测量控制

施工单位在开工前应编制并实施测量控制方案。施工单位应对建设单位提供的原始坐标点、基准线和水准点等测量控制点进行复核，将复测结果上报监理工程师，并经监理工程师审核、批准后建立施工测量控制网，进行工程定位和标高基准的控制。

（3）施工平面图控制

施工单位要绘制出合理的施工平面布置图，科学合理地使用施工场地。正确安设施工机械设备和其他临时设施，保持现场施工道路畅通无阻和通信设施完好，合

理安排材料的进场与堆放，保持良好的防洪排水能力，保证充分的给水和供电。建设（监理）单位应会同施工单位制定严格的施工场地管理制度、施工纪律和奖惩措施，严禁乱占场地和擅自断水、断电、断路，及时制止和处理各种违纪行为，并做好施工现场的质量检查记录。

3. 工程质量检查验收的项目划分

为了便于控制、检查、监督和评定每个工序和工种的工作质量，要把整个项目逐级划分为若干个子项目，并分级进行编号，据此对工程施工进行质量控制和检查验收。子项目划分要合理、明细，以利于分清质量责任，便于施工人员进行质量自控和检查监督人员进行检查验收，也有利于质量记录等资料的填写、整理和归档。

（1）单位工程的划分应按下列原则确定：①具备独立施工条件并能形成独立使用功能的建筑物及构筑物为一个单位工程；②建筑规模较大的单位工程可将其能形成独立使用功能的部分划为一个子单位工程。

（2）分部工程的划分应按下列原则确定：①分部工程的划分应按专业性质、建筑部位确定。例如，一般的建筑工程可划分为地基与基础、主体结构、建筑装饰装修、建筑屋面、建筑给水排水及采暖、建筑电气、智能建筑、通风与空调、电梯等分部工程。②当分部工程较大或较复杂时，可按材料种类、施工特点、施工程序、专业系统及类别等划分为若干子分部工程。

（3）分项工程应按主要工种、材料、施工工艺、设备类别等进行划分。

（4）分项工程可由一个或若干个检验批组成，检验批可根据施工及质量控制和专业验收需要按楼层、施工段、变形缝等进行划分。

（5）室外工程可根据专业类别和工程规模划分单位（子单位）工程。一般室外单位工程可划分为室外建筑环境工程和室外安装工程。

（二）施工过程的质量控制

建设工程项目施工是由一系列相互关联、相互制约的作业过程（工序）构成的，因此，施工的质量控制，必须对各道工序的作业质量持续进行控制。工序作业质量的控制：首先，作业者的自控，这是因为作业者的能力及其发挥的状况是决定作业质量的关键；其次，通过外部（如班组、质检人员等）的各种质量检查、验收以及对质量行为的监督来进行控制。

1. 工序施工质量控制

工序的质量控制是施工阶段质量控制的重点。只有严格控制工序质量，才能确保工程的实体质量。工序施工质量控制包括工序施工条件控制和工序施工效果控制两方面。

（1）工序施工条件控制

工序施工条件控制就是控制工序活动中各种投入的生产要素质量和环境条件质量。控制的手段包括检查、测试、试验、跟踪监督等。控制的依据包括设计质量标准、材料质量标准、机械设备技术性能标准、施工工艺标准及操作规程等。

（2）工序施工效果控制

工序施工效果通过工序产品的质量特征和特性指标来反映。对工序施工效果的控制就是通过控制工序产品的质量特征和特性指标，使之达到设计质量标准及施工质量验收标准的要求。工序施工效果控制属于事后质量控制，其控制的途径是：实测获取数据、统计分析检测数据、判定质量等级，并采取措施纠正质量偏差。

2.施工作业质量的自控

（1）施工作业质量自控的意义

施工方是施工阶段质量自控主体。我国《建筑法》和《建设工程质量管理条例》规定：建筑施工企业对工程的施工质量负责；建筑施工企业必须按照工程设计要求、施工技术标准和合同的约定，对建筑材料、建筑构配件和设备进行检验，不合格的不得使用。可见，施工方不能因为监控主体（如监理工程师）的存在和监控责任的实施而减轻或免除其质量责任。

施工方作为工程施工质量的自控主体，要根据它在所承建的工程项目质量控制系统中的地位和责任，通过具体项目质量计划的编制与实施，有效地实现施工质量的自控目标。

（2）施工作业质量自控的程序

施工作业质量自控的程序包括施工作业技术交底、施工作业和作业质量的自检自查、互检互查及专职质检人员的质量检查等。

1）施工作业技术交底

施工组织设计及分部分项工程的施工作业计划，在实施之前必须逐级进行交底。施工作业技术交底的内容包括作业范围、施工依据、质量目标、作业程序、技术标准和作业要领，以及其他与安全、进度、成本、环境等目标管理有关的要求和注意事项。

施工作业技术交底是施工组织设计和施工方案的具体化，施工作业技术交底的内容应既能保证作业质量，又具有可操作性。

2）施工作业活动的实施

首先要对作业条件—作业准备状态是否落实到位进行确认，其中包括对施工程序和作业工艺顺序的检查确认；其次，严格按照技术交底的内容进行工序作业。

3）施工

施工是对作业质量的检验。施工作业质量的检查包括施工单位内部的工序作业质量自检、互检、专检和交接检查，以及现场监理机构的旁站检查、平行检验等。施工作业质量检查是施工质量验收的基础，对于已完检验批及分部分项工程的施工质量，施工单位必须在完成质量自检并确认合格后，才能报请现场监理机构进行检查验收。

工序作业质量验收合格后，方可进行下一道工序的施工。工序未经验收合格不得进行下一道工序的施工。

（3）施工作业质量自控的要求

为达到对工序作业质量控制的效果，在加强工序管理和质量目标控制方面应坚持以下要求：

1）预防为主

严格按照施工质量计划进行各分部分项施工作业的部署。根据施工作业的内容、范围和特点制订施工作业计划，明确作业质量目标和作业技术要领，认真进行作业技术交底，落实各项作业技术组织措施。

2）重点控制

在施工作业计划中，认真贯彻实施施工质量计划中的质量控制点的控制措施。同时，根据作业活动的实际需要，进一步建立工序作业控制点，强化工序作业的重点控制。

3）坚持标准

工序作业人员在工序作业过程中应严格进行质量自检，开展作业质量互检；对已完的工序作业产品，即检验批或分部分项工程，严格坚持质量标准；对质量不合格的工序作业产品不得进行验收签证，必须按照规定的程序进行处理。

4）记录完整

施工图纸、质量计划、作业指导书、材料质保书、检验试验及检测报告和质量验收记录等既是具备可追溯性的质量保证依据，也是工程竣工验收所必需的质量控制资料。因此，对工序作业质量应有计划、有步骤地按照施工管理规范的要求进行填写记载，做到及时、准确、完整、有效，并具有可追溯性。

3.施工作业质量的监控

（1）现场质量检查

现场质量检查是施工作业质量监控的主要手段。

1）现场质量检查的内容

①开工前主要检查是否具备开工条件，开工后是否能够保持连续正常施工，能

否保证工程质量。②工序交接检查，对于重要的工序或对工程质量有重大影响的工序，应严格执行"三检"制度（自检、互检、专检），未经监理工程师（或建设单位技术负责人）检查认可不得进行下一道工序的施工。③隐蔽工程的检查，施工中凡是隐蔽工程必须检查认证后方可进行隐蔽掩盖。④停工后复工的检查，因客观因素停工或处理质量事故等停工复工时，经检查认可后方能复工。⑤分项、分部工程完工后的检查应经检查认可，并签署验收记录后，才能进行下一工程项目的施工。⑥成品保护的检查，检查成品有无保护措施及保护措施是否有效可靠。

2）现场质量检查的方法有目测法、实测法、试验法等

①目测法

目测法即凭借感官进行检查，也称观感质量检验，其手段可概括为"看、摸、敲、照"四个字。

看——肉眼进行外观检查，例如，清水墙面是否洁净，喷涂的密实度和颜色是否良好、均匀，工人的操作是否正常，内墙抹灰的大面及口角是否平直，混凝土外观是否符合要求等。

摸——通过触摸凭手感进行检查、鉴别，例如，油漆的光滑度等。

敲——用敲击工具进行音感检查，例如，对地面工程、装饰工程中的水磨石、面砖、石材饰面等均应进行敲击检查。

照——通过人工光源或反射光照射，检查难以看到或光线较暗的部位，例如，管道井、电梯井等内部管线等设备安装质量，装饰吊顶内连接及设备安装质量等。

②实测法

通过实测数据与施工规范、质量标准的要求及允许偏差值进行比照，判断质量是否符合要求，其手段可概括为"靠、量、吊、套"四个字。

靠——用靠尺、塞尺检查诸如墙面、地面、路面等的平整度。

量——用测量工具和计量仪表等检查断面尺寸、轴线、标高、湿度、温度等的偏差，例如，大理石板拼缝尺寸，摊铺沥青拌合料的温度，混凝土坍落度的检测等。

吊——利用托线板以及线坠吊线检查垂直度，例如，砌体、门窗等的垂直度检查。

套——以方尺套方，辅以塞尺检查，例如，对阴阳角的方正、踢脚线的垂直度、预制构件的方正、门窗口及构件的对角线检查等。

③试验法

试验法是指通过必要的试验手段对质量进行判断的检查方法，包括理化试验和无损检测。

工程中常用的理化试验包括物理力学性能方面的检验和化学成分及化学性能的

测定等两个方面。物理力学性能的检验包括各种力学指标的测定，如抗拉强度、抗压强度、抗弯强度、抗折强度、冲击韧性、硬度、承载力等，以及各种物理性能方面的测定，如密度含水量、凝结时间、安定性及抗渗、耐磨、耐热性能等。化学成分及化学性能的测定，如钢筋中的磷、硫含量，混凝土中粗骨料中的活性氧化硅成分以及耐酸、耐碱、抗腐蚀性等。此外，根据有关施工质量验收规范规定，有的工序完成后必须进行现场试验。例如，对桩或地基的静载试验、下水管道的通水试验、压力管道的耐压试验、防水层的蓄水或淋水试验等。

利用专门的仪器仪表从表面探测结构物、材料、设备的内部组织结构或损伤情况。常用的无损检测方法有超声波探伤、X 射线探伤、γ 射线探伤等。

（2）技术核定与见证取样送检

1）技术核定

在建设工程项目施工过程中，因施工方对施工图纸的某些要求不清楚，或图纸内部存在某些矛盾，或工程材料的调整与代用，改变建筑节点构造、管线位置或走向等需要通过设计单位明确或确认的，施工方必须以技术核定单的方式向监理工程师提出，报送设计单位核准确认。

2）见证取样送检

为了保证建设工程质量，工程所使用的主要材料、半成品、构配件以及施工过程留置的试块、试件等应实行现场见证取样送检。见证人员由建设单位及工程监理机构中由有相关专业知识的人员担任；送检的实验室应具备经国家或地方工程检验检测主管部门核准的相关资质；见证取样送检必须严格按执行规定的程序进行，包括取样见证并记录、样本编号、填单、封箱、送实验室、核对、交接、试验检测及报告等。

检测机构应当建立档案管理制度。检测合同、委托单、原始记录和检测报告应当按年度统一编号，编号应当连续，不得随意抽撤、涂改。

4.隐蔽工程验收与施工成品质量保护

（1）隐蔽工程验收

凡会被后续施工所覆盖的施工内容，如地基基础工程、钢筋工程、预埋管线等均属隐蔽工程。其施工质量控制的程序要求施工方首先应完成自检并合格，然后填写专用的《隐蔽工程验收单》。验收单所列的验收内容应与已完的隐蔽工程实物一致，并事先通知监理机构及有关方面按约定的时间进行验收。验收合格的隐蔽工程由各方共同签署验收记录，验收不合格的隐蔽工程应按验收整改意见进行整改后重新验收。严格隐蔽工程验收的程序和记录，对于预防工程质量隐患，提供可追溯的质量记录具有重要作用。

（2）施工成品质量保护

为了避免已完施工成品受到来自后续施工以及其他方面的污染或损坏，必须进行施工成品的保护。成品形成后，可采取防护、覆盖、封闭、包裹等相应措施进行保护。

三、建筑工程项目质量验收

（一）施工过程质量验收

进行建筑工程质量验收，应将工程项目划分为单位（子单位）工程、分部（子分部）工程、分项工程和检验批。施工过程质量验收主要是指检验批和分项、分部工程的质量验收。

1.施工过程质量验收的内容

检验批和分项工程是质量验收的基本单元；分部工程是在所含全部分项工程验收的基础上进行验收的，在施工过程中随时完工随时验收，并留下完整的质量验收记录和资料；单位工程作为具有独立使用功能的完整的建筑产品进行竣工质量验收。

施工过程的质量验收包括以下验收环节，通过验收后留下完整的质量验收记录和资料，为工程项目竣工质量验收提供依据。

（1）检验批质量验收

所谓检验批，是指按同一个生产条件或按规定的方式汇总起来供检验用的，由一定数量样本组成的检验体。检验批可根据施工及质量控制和专业验收需要按楼层、施工段、变形缝等进行划分。检验批是工程验收的最小单位，是分项工程乃至整个建筑工程质量验收的基础。

（2）分项工程质量验收

分项工程质量验收在检验批验收的基础上进行。一般情况下，两者具有相同或相近的性质，只是批量的大小不同而已。分项工程可由一个或若干检验批组成。

（3）分部工程质量验收

分部工程质量验收在其所含各分项工程验收的基础上进行。

必须注意的是，由于分部工程所含的各分项工程性质不同，因此它并不是在所含分项验收基础上的简单相加，即所含分项验收合格且质量控制资料完整，只是分部工程质量验收的基本条件，还必须在此基础上对涉及安全和使用功能的地基基础、主体结构、有关安全及重要使用功能的安装分部工程进行见证取样试验或抽样检测，而且需要对其观感质量进行验收，并综合给出质量评价，对于评价为"差"的检查点应通过返修处理等措施进行补救。

2. 施工过程质量验收不合格的处理

施工过程质量验收是以检验批的施工质量为基本验收单元。检验批质量不合格可能是使用的材料不合格，或施工作业质量不合格，或质量控制资料不完整等原因所致，其处理方法有以下几方面：

（1）在检验批验收时，发现存在严重缺陷的应推倒重做，有一般的缺陷可通过返修或更换器具、设备消除缺陷后重新进行验收。

（2）个别检验批发现某些项目或指标（如试块强度等）不满足要求难以确定是否验收时，应请有资质的法定检测单位检测鉴定，当鉴定结果能够达到设计要求时，方可予以验收。

（3）当检测鉴定达不到设计要求，但经原设计单位核算仍能满足结构安全和使用功能的检验批可予以验收。

（4）严重质量缺陷或超过检验批范围内的缺陷，经法定检测单位检测鉴定以后，认为不能满足最低限度的安全储备和使用功能的必须进行加固处理，虽然改变外形尺寸，但能满足安全使用要求的，可按技术处理方案和协商文件进行验收，责任方应承担经济责任。

（5）通过返修或加固处理后仍不能满足安全使用要求的分部工程严禁验收。

（二）竣工质量验收

施工项目竣工质量验收是施工质量控制的最后一个环节，是对施工过程质量控制成果的全面检验，是从终端把关方面进行质量控制。未经验收或验收不合格的工程不得交付使用。

1. 竣工质量验收的依据

工程项目竣工质量验收的依据有：国家相关法律法规和建设主管部门颁布的管理条例和办法；工程施工质量验收统一标准；专业工程施工质量验收规范；批准的设计文件、施工图纸及说明书；工程施工承包合同；其他相关文件。

2. 竣工质量验收的要求

（1）工程项目竣工质量验收

1）检验批的质量应按主控项目和一般项目验收。

2）工程质量的验收均应在施工单位自检合格的基础上进行。

3）隐蔽工程在隐蔽前应由施工单位通知监理工程师或建设单位专业技术负责人进行验收，并应形成验收文件，验收合格后方可继续施工。

4）参加工程施工质量验收的各方人员应具备规定的资格，单位工程的验收人员应具备工程建设相关专业的中级以上技术职称，并具有5年以上从事工程建设相关专业的工作经历。参加单位工程验收的签字人员应为各方项目负责人。

5）涉及结构安全的试块、试件及有关材料应按规定进行见证取样检测。对涉及结构安全使用功能、节能、环境保护等重要分部工程应进行抽样检测。

6）承担见证取样检测及有关结构安全、使用功能等项目的检测单位应具备相应资质。

7）工程的观感质量应由验收人员现场检查，并应共同确认。

（2）建筑工程施工质量验收合格应符合的要求

1）符合相关专业验收规范的规定。

2）符合工程勘察、设计文件的要求。

3）符合合同约定。

3. 竣工质量验收的标准

（1）单位（子单位）工程所含分部（子分部）工程质量验收均应合格。

（2）质量控制资料应完整。

（3）单位（子单位）工程所含分部工程有关安全和功能的检验资料应完整。

（4）主要功能项目的抽查结果应符合相关专业质量验收规范的规定。

（5）观感质量验收应符合规定。

4. 竣工质量验收的程序

建设工程项目竣工验收可分为验收准备、竣工预验收和正式验收三个环节进行。整个验收过程涉及建设单位、设计单位、监理单位及施工总分包各方的工作，必须按照工程项目质量控制系统的职能分工，以监理工程师为核心进行竣工验收的组织协调。

（1）竣工验收准备

施工单位按照合同规定的施工范围和质量标准完成施工任务后，应自行组织有关人员进行质量检查评定。自检合格后，向现场监理机构提交工程竣工预验收申请报告，要求组织工程竣工预验收。施工单位的竣工验收准备包括工程实体的验收准备和相关工程档案资料的验收准备，使之达到竣工验收的要求，其中设备及管道安装工程等，应经过试压、试车和系统联动试运行检查。

（2）竣工预验收

监理机构收到施工单位的工程竣工预验收申请报告后，应就验收的准备情况和验收条件进行检查，对工程质量进行竣工预验收。对工程实体质量及档案资料存在的缺陷及时提出整改意见，并与施工单位协商整改方案，确定整改要求和完成时间。具备下列条件时，由施工单位向建设单位提交工程竣工验收报告，申请工程竣工验收。

（3）正式竣工验收

建设单位收到工程竣工验收报告后，应由建设单位（项目）负责人组织施工（含分包单位）、设计、勘察、监理等单位（项目）负责人进行单位工程验收。建设单位应组织勘察、设计、施工、监理等单位和其他方面的专家组成竣工验收小组，负责检查验收的具体工作，并制订验收方案。

建设单位应在工程竣工验收前7个工作日，将验收时间、地点、验收组名单书面通知该工程的工程质量监督机构。建设单位组织竣工验收会议。

（三）竣工验收备案

我国实行建设工程竣工验收备案制度。新建、扩建和改建的各类房屋建筑工程和市政基础设施工程的竣工验收均应按《建设工程质量管理条例》规定进行备案。

（1）建设单位应当自建设工程竣工验收合格之日起15日内，将建设工程竣工验收报告和规划、公安消防、环保等部门出具的认可文件或准许使用文件报建设行政主管部门或者其他相关部门备案。

（2）备案部门在收到备案文件资料后的15日内对文件资料进行审查，符合要求的工程，在验收备案表上加盖"竣工验收备案专用章"，并将一份退建设单位存档。如审查中发现建设单位在竣工验收过程中，有违反国家有关建设工程质量管理规定行为的应责令停止使用，重新组织竣工验收。

（3）建设单位有下列行为之一的责令改正，处以工程合同价款百分之二以上百分之四以下的罚款；造成损失的依法承担赔偿责任。未组织竣工验收，擅自交付使用的；验收不合格，擅自交付使用的；对不合格的建设工程按照合格工程验收的。

四、质量不合格的处理

（一）建筑工程质量问题和质量事故的分类

1. 工程质量不合格

（1）质量不合格和质量缺陷

《质量管理体系基础和术语》规定，凡工程产品未满足某个规定的要求称为质量不合格，而未满足某个与预期或规定用途有关的要求称为质量缺陷。

（2）质量问题和质量事故

凡是工程质量不合格，影响使用功能或工程结构安全，造成永久质量缺陷或存在重大质量隐患，甚至直接导致工程倒塌或人身伤亡，必须进行返修、加固或报废处理，按照由此造成直接经济损失的大小分为质量问题和质量事故。

2. 工程质量事故

根据住房和城乡建设部《关于做好房屋建筑和市政基础设施工程质量事故报告和调查处理工作的通知》，工程质量事故是指由于建设、勘察、设计、施工、监理等单位违反工程质量有关法律、法规和工程建设标准，使工程产生结构安全、重要使用功能等方面的质量缺陷，造成人身伤亡或者重大经济损失的事故。

工程质量事故具有成因复杂、后果严重、种类繁多、往往与安全事故共生的特点，建设工程质量事故的分类有多种方法，不同专业的工程类别对工程质量事故的等级划分也不尽相同。

（1）按事故造成损失的程度分级

根据工程质量事故造成的人员伤亡或直接经济损失，住房和城乡建设部《关于做好房屋建筑和市政基础设施工程质量事故报告和调查处理工作的通知》将工程质量事故分为四个等级：

1）特别重大事故，是指造成30人以上死亡，或者100人以上重伤，或者1亿元以上直接经济损失的事故。

2）重大事故，是指造成10人以上30人以下死亡，或者50人以上100人以下重伤，或者5000万元以上1亿元以下直接经济损失的事故。

3）较大事故，是指造成3人以上10人以下死亡，或者10人以上50人以下重伤，或者1000万元以上5000万元以下直接经济损失的事故。

4）一般事故，是指造成3人以下死亡，或者10人以下重伤，或者100万元以上1000万元以下直接经济损失的事故。

该等级划分所称的"以上"包括本数，所称的"以下"不包括本数。

（2）按事故责任分类

1）指导责任事故：即由于工程实施指导或领导失误导致的质量事故。例如，工程项目负责人片面追求施工进度，降低施工质量控制和检验标准等造成的质量事故。

2）操作责任事故：即在施工过程中，施工人员不按规程和标准实施操作造成的质量事故。例如，浇筑混凝土时随意加水，振捣疏漏等造成的混凝土质量事故。

3）自然灾害事故：即由于突发的严重自然灾害等不可抗力造成的质量事故。例如，地震、台风、暴雨、雷电、洪水等对工程造成的破坏甚至倒塌。这类事故虽然不是人为责任直接造成的，但灾害事故造成的损失程度也与责任人是否事前采取了有效的预防措施有关，因此相关人员有可能负有责任。

（二）建筑工程施工质量问题和质量事故的处理

1. 施工质量事故处理的依据

（1）质量事故的实况资料

质量事故的实况资料包括：质量事故发生的时间、地点；质量事故状况的描述；质量事故发展变化的情况；有关质量事故的观测记录、事故现场状态的照片或录像；事故调查组调查研究所获得的第一手资料。

（2）合同及合同文件

合同及合同文件包括工程承包合同、设计委托合同、设备与器材购销合同、监理合同及工程分包合同等。

（3）技术文件和档案

技术文件和档案主要是设计文件（如施工图纸和技术说明）与施工技术文件、档案和资料，如施工方案、施工计划、施工记录、施工日志、建筑材料质量证明资料、现场制备材料的质量证明资料、质量事故发生后对事故状况的观测记录、试验记录或试验报告等。

（4）建设法规

建设法规包括《建筑法》《建设工程质量管理条例》《关于做好房屋建筑和市政基础设施工程质量事故报告和调查处理工作的通知》等与工程质量及质量事故处理有关的法规，以及勘察、设计、施工、监理等单位资质管理和从业者资格管理方面的法规，建筑市场管理方面的法规，以及相关技术标准、规范、规程和管理办法等。

2. 施工质量事故报告和调查处理程序

（1）事故报告

工程质量事故发生后，事故现场有关人员应当立即向工程建设单位负责人报告；工程建设单位负责人接到报告后，应于1小时内向事故发生地县级以上人民政府住房和城乡建设主管部门及有关部门报告；同时，应按照应急预案采取相应的措施。情况紧急时，事故现场有关人员可直接向事故发生地县级以上人民政府住房和城乡建设主管部门报告。

事故报告应包括下列内容：

1）事故发生的时间、地点、工程项目名称、工程各参建单位名称。

2）事故发生的简要经过、伤亡人数和初步估计的直接经济损失。

3）事故原因的初步判断。

4）事故发生后采取的措施及事故控制情况。

5）事故报告单位、联系人及联系方式。

6）其他应当报告的情况。

另外，事故报告后出现新情况，以及事故发生之日起 30 日内伤亡人数发生变化的应当及时补报。

（2）事故调查

住房和城乡建设主管部门应当按照有关人民政府的授权或委托，组织或参与事故调查组对事故进行调查。调查结果要形成事故调查报告，其主要内容应包括以下几个方面：

1）事故项目及各参建单位概况。

2）事故发生经过和事故救援情况。

3）事故造成的人员伤亡和直接经济损失。

4）事故项目有关质量检测报告和技术分析报告。

5）事故发生的原因和事故性质。

6）事故责任的认定和对事故责任者的处理建议。

7）事故防范和整改措施。

（3）事故的原因分析

依据国家有关法律、法规和工程建设标准分析事故的直接原因和间接原因，必要时组织对事故项目进行检测鉴定和专家技术论证，找出造成事故的真实原因。

（4）事故处理

1）事故的技术处理

广泛地听取专家及有关方面的意见，经科学论证，制订事故处理的技术方案并实施；其方案必须安全可靠、技术可行、不留隐患、经济合理并具有可操作性；处理后的工程应满足相应安全和使用功能要求。

2）事故的责任处罚

依据人民政府对事故调查报告的批复和有关法律、法规的规定，对事故相关责任者实施行政处罚，负有事故责任的人员涉嫌犯罪的依法追究刑事责任。

（5）事故处理的鉴定验收

事故处理的质量检查鉴定和验收，应严格按施工验收规范和相关质量标准的规定进行，准确地对事故处理的结果做出鉴定，形成鉴定结论。

（6）提交事故处理报告

事故处理后，必须尽快提交完整的事故处理报告，其内容包括以下几个方面：

1）事故调查的原始资料、测试的数据。

2）事故原因分析和论证结果。

3）事故处理的依据。

4）事故处理的技术方案及措施。

5）实施技术处理过程中有关的数据、记录、资料，检查验收记录。

6）对事故相关责任者的处罚情况和事故处理的结论等。

3. 施工质量事故处理的基本要求

（1）质量事故的处理应达到安全可靠、不留隐患、满足生产和使用要求、施工方便、经济合理的目的。

（2）消除造成事故的原因，注意综合治理，防止事故再次发生。

（3）正确确定技术处理的范围和正确选择处理的时间和方法。

（4）切实做好事故处理的检查验收工作，认真落实防范措施。

（5）确保事故处理期间的安全。

4. 施工质量缺陷处理的基本方法

（1）返修处理

当工程存在质量缺陷，但经过采取整修等措施后可满足质量标准要求，又不影响使用功能或外观的要求时，可采取返修处理的方法。例如，某些混凝土结构表面出现蜂窝、麻面等问题。再如，因受撞击、冻害、火灾、酸类腐蚀、碱骨料反应等造成的结构表面或局部缺陷，在不影响其使用和外观的前提下，可进行返修处理。

（2）加固处理

加固处理用于针对危及结构承载力的质量缺陷的处理。通过加固处理，使建筑结构恢复或提高承载力，重新满足结构安全性与可靠性的要求。对混凝土结构常用的加固方法有：增大截面加固法、外包角钢加固法、粘钢加固法、增设支点加固法、增设剪力墙加固法和预应力加固法等。

（3）返工处理

当工程质量缺陷经过返修、加固处理后仍不能满足规定的质量标准要求，或不具备补救可能性时，则必须采取重新制作、重新施工的返工处理措施。例如，混凝土结构施工中误用了安定性不合格的水泥，无法采用其他补救办法，不得不拆除重新浇筑。

（4）限制使用

当工程质量缺陷按修补方法处理后无法保证达到规定的使用要求和安全要求，而又无法返工处理或者返工处理被判定为经济损失太大而不值得的情况下，也可做出"减少楼层"等结构卸荷、减荷及限制使用的决定。

（5）不做处理

如果工程质量虽然达不到规定的要求或标准，但其缺陷对结构安全或使用功能影响很小，经过分析、论证、法定检测单位鉴定和设计单位等认可后，可不做专门处理。一般可不做专门处理的情况有以下几种：

1）不影响结构安全和使用功能的。例如，有的工业建筑物出现放线定位的偏差，且严重超过规范标准规定，若要纠正会造成重大经济损失。但经过分析、论证确定其偏差不影响生产工艺和正常使用，在外观上也无明显影响，可不做处理。

2）后一道工序可以弥补的质量缺陷。例如，混凝土结构表面的轻微麻面可通过后续的抹灰工序弥补，可不做处理。

3）法定检测单位鉴定合格的。例如，某检验批混凝土试块强度值不满足规范要求，但当法定检测单位对混凝土实体强度进行实际检测后的结果认定"其实际强度达到规范允许和设计要求值"时，可不做处理。对经检测虽未达到要求值，但相差不大，经分析论证，只要使用前经再次检测达到设计强度也可不做处理，但应严格控制施工荷载。

4）出现的质量缺陷，经检测鉴定达不到设计要求，但经原设计单位核算，仍能满足结构安全和使用功能的。例如，某一结构构件截面尺寸或材料强度未达到设计要求，但按实际情况进行复核验算后仍能满足设计要求的承载力时，可不进行专门处理。这种做法实际上是挖掘设计潜力或降低设计的安全系数，应谨慎处理。

（6）报废处理

出现质量事故的工程，通过分析或实践，采取上述处理方法后仍不能满足规定的质量标准要求，则必须予以报废处理。

五、质量管理体系

（一）建筑工程项目质量保证体系的概念

工程项目质量保证体系是指承包商以保证工程质量为目标，依据国家的法律、法规，国家和行业相关规范、规程和标准以及自身企业的质量管理体系，运用系统方法，策划并建立必要的项目部组织结构，针对工程项目施工过程中影响工程质量的因素和活动制订工程项目施工的质量计划，并遵照实施的质量管理活动的总和。

（二）建筑工程项目质量计划的内容

为了确保工程质量总目标的实现，必须对具体资源安排和施工作业活动合理地进行策划，并形成一个与项目规划大纲和项目实施规划共同构成统一计划体系的、具体的建筑工程项目施工质量计划，该计划一般包含在施工组织设计中或包含在施工项目管理规划中。

建筑工程项目施工的质量策划需要确定的内容如下：

（1）确定该工程项目各分部分项工程施工的质量目标。

（2）相关法律、法规要求；建筑工程的强制性标准要求；相关规范、规程要求；合同和设计要求。

（3）使之文件化，以实现工程项目的质量目标，满足相关要求。

（4）确定各项工作过程效果的测量标准、测量方法，确定原材料、半成品构配件和成品的验收标准，验证、确认、检验和试验工作的方法和相应工作的开展。

（5）确定必要的工程项目施工过程中产生的记录（如工程变更记录、施工日志、技术交底、工序交接和隐蔽验收等记录）。

策划的过程中针对工程项目施工各工作过程和各类资源供给做出具体规定，并将其形成文件，这个（些）文件就是工程项目施工质量计划。

施工质量计划的内容一般应包括以下几点：

（1）工程特点及施工条件分析（合同条件、法规条件和现场条件）。

（2）依据履行施工合同所必须达到的工程质量总目标制定各分部分项工程分解目标。

（3）质量管理的组织机构、人力、物力和财力资源配置计划。

（4）施工质量管理要点的设置。

（5）为确保工程质量所采取的施工技术方案、施工程序，材料设备质量管理及控制措施，以及工程检验、试验、验收等项目的计划及相应方法等。

（6）针对施工质量的纠正措施与预防措施。

（7）质量事故的处理。

1. 施工质量总目标的分解

进行作业层次的质量策划时，首先必须将项目的质量总目标层层分解到分部分项工程施工的分目标上，以及按施工工期实际情况将质量总目标层层分解到项目施工过程的各年、季、月的施工质量目标。

各分质量目标较为具体，其中部分质量目标可量化，不可量化的质量目标应该是可测量的。

2. 建立质量保证体系

（1）项目主要岗位的人员安排

1）项目经理将由担任过同类型工程项目管理、具备丰富施工管理经验的国家一级建造师担任。

2）项目技术负责人将由具有较高技术业务素质和技术管理水平的工程师担任。

3）项目经理部的其他组成人员均经过大型工程项目的锻炼。

4）组成后的项目经理部具备以下特点：

①领导班子具有良好的团队意识，班子精干，组成人员在年龄和结构上有较大的优势，精力充沛，年富力强，施工经验丰富。

②文化层次高、业务能力强，主要领导班子成员均具有大专以上学历，并具有中高级职称，各业务主管人员均有多年共同协作的工作经历。

③项目部班子主要成员及各主要部室的职责执行《质量手册》《环境和职业健康安全管理手册》和相关《程序文件》。在施工过程中，充分发挥各职能部门、各岗位人员的职能作用，认真履行管理职责。

（2）各岗位具体岗位职责

项目经理：项目施工现场全面管理工作的领导者和组织者，项目质量、安全生产的第一责任人，统筹管理整个项目的实施。负责协调项目甲方、监理、设计、政府部门及相关施工方的工作关系，认真履行与业主签订的合同，保证项目合同规定的各项目标顺利完成，及时回收项目资金；领导编制施工组织设计、进度计划和质量计划，并贯彻执行；组织项目例会、参加公司例会，掌握项目工、料、机动态，按规定及时准确向公司报表；实行项目成本核算制，严格控制非生产性支出，自觉接受公司各职能部门的业务指导、监督及检查，重大事情、紧急情况及时报告；组织竣工验收资料收集、整理和编册工作。

现场执行经理：对项目经理负责，现场施工质量、安全生产的直接责任人，安排协调各专业、工种的人员保障、施工进度和交叉作业，协调处理现场各方施工矛盾，保证施工计划的落实，组织材料、设备按时进场，协调做好进场材料、设备和已完工程的成品保护，组织专业产品的过程验收和系统验收，办理交接手续。

技术负责人：工程项目主要现场技术负责人。领导各专业责任师、质检员、施工队等技术人员保证施工过程符合技术规范要求，保证施工按正常秩序进行；通过技术管理，使施工建立在先进的技术基础上，保证工程质量的提高；充分发挥设备潜力，充分发挥材料性能，完善劳动组织，提高劳动生产率，完成计划任务，降低工程成本，提高经营效果。

专业质量工程师：熟悉图纸和施工现场情况，参加图纸会审，做好记录，及时办理洽商和设计变更；编制施工组织设计和专业施工进度控制计划（总计划、月计划、周计划），编制项目本专业物资材料供应总体计划，交物资部、商务部审核；负责所辖范围内的安全生产、文明施工和工程质量，按季节、月、分部、分项工程和特殊工序进行安全和技术交底，编写《项目作业指导书》，编制成品保护实施细则；负责工序间的检查、报验工作，负责进场材料质量的检查与报验，确认分承包方每月完成实物工程量，记好施工日志，积累现场各种见证资料，管理、收集施工技术资料；掌握分承包方劳动力、材料、机械动态，参加项目每周生产例会，发现问题及时汇报；工程竣工后负责编写《用户服务手册》。

质检员：负责整个施工过程中质量检查工作。熟悉工程运用施工规范、标准，按标准检查施工完成质量，及时发现质量不合格工序，报告主任工程师，会同专业工长提出整改方案，并检查整改完成情况。

材料员：认真执行材料检验与施工试验制度；熟悉工程所用材料的数量、质量及技术要求；按施工进度计划提出材料计划，会同采购人员保证工程所用材料按时到达现场；协助有关人员做好材料的堆放与保管工作。

资料员：负责整个工程资料的整理及收藏工作；按各种材料要求核验进场材料的必备资料，保证进场材料符合规范要求；填写并保存各种隐检、预检及评定资料。

3. 质量控制点的设置

作为质量计划的一部分，施工质量控制点的设置是施工技术方案的重要组成部分，是施工质量控制的重点对象。

(1) 施工质量控制点的设置原则

1) 对工程的安全和使用功能有直接影响的关键部位、工序、环节及隐蔽工程应设立控制质量、拉结筋质量、轴线位置、垂直度；基础级配砂石垫层密实度、屋面和卫生间防水性能、门窗正常的开启功能；水、暖、卫无跑冒滴漏堵；电气安装工程的安全性能等。

2) 对下一道工序质量形成有较大影响的工序应设立控制点。例如，梁板柱模板的轴线位吊顶中吊杆位置、间距、牢固性和主龙骨的承载能力；室外楼梯、栏杆和预埋铁件的牢固性等。

3) 对质量不稳定、经常出现不良品的工序、部位或对象应设立控制点，如易出现裂缝的抹灰工程等。例如，预应力空心板侧面经常开裂；砂浆和混凝土的和易性波动；混凝土结构出现蜂窝麻面；铝合金窗和塑钢窗封闭不严；抹灰常出现开裂空鼓等。

4) 采用新技术、新工艺、新材料的部位或环节。

5) 施工质量无把握的、施工条件困难的或技术难度大的工序或环节。

(2) 施工质量控制点设置的具体方法

根据工程项目施工管理的基本程序，结合项目特点在制订项目总体质量计划时，列出各基本施工过程对局部和总体质量水平有影响的项目作为具体实施的质量控制点。例如，在建筑工程施工质量管理中，材料、构配件的采购，混凝土结构件的钢筋位置、尺寸，用于钢结构安装的预埋螺栓的位置以及门窗装修和防水层铺设等均可作为质量控制点。

质量控制点的设定使工作重点更加明晰，事前预控的工作更有针对性。事前预控包括明确控制目标参数、制定实施规程（包括施工操作规程及检测评定标准）、确定检查项目和数量及其跟踪检查或批量检查方法、明确检查结果的判断标准及信息反馈要求。

（3）质量控制点的管理

1）做好施工质量控制点的事前质量控制工作

①明确质量控制的目标与控制参数。

②编制作业指导书和质量控制措施。

③确定质量检查检验方式及抽样的数量与方法。

④明确检查结果的判断标准及质量记录与信息反馈要求等。

2）向施工作业班组进行认真交底

确保质量控制点上的施工作业人员知晓施工作业规程及质量检验评定标准，掌握施工操作要领；技术管理和质量控制人员必须在施工现场进行重点指导和检查验收。

3）做好施工质量控制点的动态设置和动态跟踪管理

施工质量控制点的管理应该是动态的，一般情况下，在工程开工前、设计交底和图纸会审时，可确定整个项目的质量控制点，随着工程的展开、施工条件的变化，定期或不定期进行质量控制点的调整，并补充到原质量计划中成为质量计划的一部分，以始终保持对质量控制重点的跟踪，并使其处于受控状态。

对于危险性较大的分部分项工程或特殊施工过程，除按一般过程质量控制的规定执行外，还应由专业技术人员编制专项施工方案或作业指导书，经施工单位技术负责人、项目总监理工程师、建设单位项目负责人签字后执行。超过一定规模的危险性较大的分部分项工程还要组织专家对专项方案进行论证。作业前，施工员、技术员进行技术交底，使操作人员能够正确作业。严格按照三级检查制度进行检查控制。在施工中发现质量控制点有异常时，应立即停止施工，召开分析会议，查找原因并采取对策予以解决。

施工单位应主动支持、配合监理工程师的工作。将施工作业质量控制点细分为"见证点"和"待检点"接受监理工程师对施工质量的监督和检查。凡属"见证点"的施工作业，如重要部位、特种作业、专门工艺等，施工方必须在该项作业开始前24h书面通知现场监理机构到位旁站，见证施工作业过程；凡属"待检点"的施工作业，如隐蔽工程等，施工方必须在完成施工质量自检的基础上，提前通知项目监理机构进行检查验收，然后才能进行工程隐蔽或下一道工序的施工。未经监理工程师检查验收合格的，不得进行工程隐蔽或下一道工序的施工。

4.质量保证的方法和措施的制定

（1）质量保证方法的制定

质量保证方法的制定就是在针对建筑工程施工项目各个阶段各项质量管理活动和各项施工过程，为确保各质量管理活动和施工成果符合质量标准的规定，经过科学分析、确认，规定各项质量管理活动和各项施工过程必须采用正确的质量控制方法、质量统计分析方法、施工工艺、操作方法和检查、检验及检测方法。

质量控制方法的制定需针对以下三个阶段的质量管理活动来进行：

1）施工准备阶段的质量管理

施工准备是指项目正式施工活动开始前，为保证施工生产正常进行而必须事先做好的工作。

施工准备阶段的质量管理就是对影响质量的各种因素和准备工作进行的质量管理。其具体管理活动包括以下内容：

①文件、技术资料准备的质量管理包括工程项目所在地的自然条件及技术经济条件调查资料、施工组织设计和工程测量控制资料。

②设计交底和图纸审核的质量管理。设计图纸是进行质量管理的重要依据。做好设计交底和图纸审核工作可以使施工单位充分了解工程项目的设计意图、工艺和工程质量要求，同时也可以减少图纸的差错。

③资源的合理配置。通过策划，合理确定并及时安排工程施工项目所需的人力和物力。

④质量教育与培训。通过教育培训和其他措施提高员工适应本施工项目具体工作的能力。

⑤采购质量管理。采购质量管理主要包括对采购物资及其供应商的管理，制定采购要求和验证采购产品。物资供应商的管理，即对可供选用的供应商进行逐个评价，并确定合格供应商名单。采购要求是采购物资质量管理的重要内容。采购物资应符合相关法规、承包合同和设计文件要求。通过对供方现场检验、进货检验和（或）查验供方提供的合格证明等方式来确认采购物资的质量。

2）施工阶段的质量管理

①技术交底。各分项工程施工前，由项目技术负责人向施工项目的所有班组进行交底。交底内容包括图纸交底、施工组织设计交底、分项工程技术交底和安全交底等。通过交底明确施工方法、工序搭接以及进度、质量、安全要求等。

②测量控制。

③材料、半成品、构配件的控制。其主要包括：对供应商质量保证能力进行评定；建立材料管理制度，减少材料损失、变质；对原材料、半成品、构配件进行标

识；加强材料检查验收；发包人提供的原材料、半成品、构配件和设备；材料质量抽样和检验方法。

④机械设备控制。机械设备控制包括：机械设备使用的决策；确保配套；机械设备的合理使用；机械设备的保养与维修。

⑤环境控制。

一是对影响工程项目质量的环境因素的控制。影响工程项目质量的环境因素主要包括工程技术环境；工程管理环境；劳动环境。

二是计量控制。施工中的计量工作包括对施工材料、半成品、成品以及施工过程的监测计量和相应的测试、检验、分析计量等。

三是工序控制。工序亦称"作业"。工序是施工过程的基本环节，也是组织施工过程的基本单位。

一道工序是指一个（或一组）工人在一个工作地对一个（或几个）劳动对象（工程、产品、构配件）所进行的一切连续活动的总和。

工序质量管理首先要确保工序质量的波动必须限制在允许的范围内，使得合格产品能够稳定地生产。如果工序质量的波动超出了允许范围，就要立即对影响工序质量波动的因素进行分析，找出解决办法，采取必要的措施，对工序进行有效的控制，使其波动回到允许范围内。

⑥质量控制点的管理。

首先，必须进行技术交底工作，操作人员在明确工艺要求、质量要求、操作要求后方能上岗，并做好相关记录。

其次，建立三级检查制度，即操作人员自检，组员之间互检或工长对组员进行检查，质量员进行专检。

⑦工程变更控制。工程变更的范围：设计变更；工程量的变动；施工进度的变更；施工合同的变更等。

工程变更可能导致工程项目施工工期、成本或质量的改变。因此，必须对工程变更进行严格的管理和控制。

⑧成品保护。成品保护要从两个方面着手：首先，应加强教育，提高全体员工的成品保护意识；其次，要合理安排施工顺序，同时采取有效的保护措施。

3）竣工验收阶段的质量管理

①最终质量检验和试验。单位工程质量验收也称质量竣工验收，是对已完工程投入使用前的最后一次验收。验收合格的先决条件是：单位工程的各分部工程应该合格；有关的资料文件完整。另外，还需对涉及安全和使用功能的分部工程进行检验资料的复查，对主要使用功能进行抽查，参加验收的各方人员共同进行观感质量

检查。

②技术资料的整理。技术资料，特别是永久性技术资料是工程项目施工情况的重要资料，也是施工项目进行竣工验收的主要依据。工程竣工资料主要包括工程项目开工报告；工程项目竣工报告；图纸会审和设计交底记录；设计变更通知单；技术变更核定单；工程质量事故的调查和处理资料；材料、设备、构配件的质量合格证明；材料、设备、构配件等的试验、检验报告；隐蔽工程验收记录及施工日志；竣工图；质量验收评定资料；工程竣工验收资料。

施工单位应该及时、全面地收集和整理上述资料，监理工程师应对上述技术资料进行审查。

③施工质量缺陷的处理包括：返修；返工；限制使用；不做处理。

④工程竣工文件的编制和移交准备。

⑤产品防护。工程移交前，要对已完的工程采取有效的防护措施，确保工程不被损坏。

⑥撤场。工程交工后，项目经理部应编制撤场计划，使撤场工作有序、高效地进行，确保施工机具、暂设工程、建筑残土、剩余材料在规定时间内全部拆除运走，达到场清地平；有绿化要求的，达到树活草青。

（2）质量保证措施的制定

质量保证措施的制定就是针对原材料、构配件和设备的采购管理，针对施工过程中各分部分项工程的工序施工和工序间交接的管理，针对分部分项工程阶段性成品保护的管理，从组织方面、技术方面、经济方面、合同方面和信息方面制定有效、可行的措施。

（三）建筑工程质量保证体系的运行

1. 项目部各岗位人员的就位和质量培训

建筑工程的施工项目部必须严格按照质量计划中的规定建立并运行施工质量管理体系。

（1）必须将满足岗位资格和能力要求的人员安排在体系的各岗位上，并进行质量意识的培训。

（2）能力不足的人员必须经过相应的能力培训，经考核能胜任工作，方可安排在相应岗位上。

2. 质量保证方法和措施的实施

建筑工程的施工项目部必须严格按照质量计划中关于质量保证方法和措施的规定开展各项质量管理活动、进行各分部分项工程的施工，使各项工作处于受控状态，确保工作质量和工程实体质量。

当施工过程中遇到在质量计划中未做出具体规定，但对工程质量产生影响的事件时，施工项目部各级人员需按照主动控制、动态控制原则，按照质量计划中规定的控制程序和岗位职责，及时分析该事件可能的发展趋势，明确针对该事件的质量控制方法，制定有针对性的纠正和预防措施并实施，以确保因该事件导致的工作质量偏差和工程实体质量偏差均得到必要的纠正而处于受控状态。

上述情况下产生的质量控制方法和有针对性的纠正与预防措施，经实施验证对质量控制有效，则将其补充到原质量计划中成为质量计划的一部分，以始终保持对施工过程的质量控制，使施工过程中的各项质量管理活动和各分部分项工程的施工工作随时处于受控状态。

3. 质量技术交底制度的执行

为确保建筑工程的各分部分项工程的施工工作随时处于受控状态，必须严格按照质量计划中的质量技术交底制度，进行技术交底工作，并做好相关记录。

4. 质量检查制度的执行

施工人员、施工班组和质量检查人员在各分部分项工程施工过程中要严格按照质量验收标准和质量检查制度及时进行自检、互检和专职质检员检查，经三级检查合格后报监理工程师检查验收。

及时的三级检查，可以验证工程施工的实际质量情况与质量计划的差异程度，确认工程施工过程中的质量控制情况，并依据必要性适时采取相应措施，确保工程施工的顺利进行。

在执行质量检查制度时，除严格按照检查方法、检查步骤和程序外，还必须充分重视质量计划列出的各分部分项工程的检查内容和要求。

5. 按质量事故处理的规定执行

当发生质量事故时，项目部各级人员必须根据岗位的相应职责，严格按照质量保证计划的规定对该质量事故进行有效地控制，避免该事故进一步扩展；同时，对该质量事故进行分类，分析事故原因，并及时处理。

在质量事故处理中科学地分析事故产生的原因是及时有效地处理质量事故的前提。下面介绍一些常见的质量事故原因分析。

施工项目质量问题的形式多种多样，其主要原因如下：

(1) 违背建设程序

其常见的情况有：未经可行性论证，不做调查分析就拍板定案；未进行地质勘查就仓促开工；无证设计；随意修改设计；无图施工；不按图纸施工；不进行试车运转、不经竣工验收就交付使用等。这些做法导致一些工程项目留有严重隐患，房屋倒塌事故也常有发生。

（2）工程地质勘查工作失误

未认真进行地质勘查，提供的地质资料和数据有误；地质勘查报告不详细；地质勘查钻孔间距过大，勘查结果不能全面反映地基的实际情况；地质勘查钻孔深度不够，未能查清地下软土层、滑坡、墓穴等地层构造等工作失误，均会导致采用错误的基础方案，造成地基不均匀沉降、失稳，极易使上部结构及墙体发生开裂、破坏和倒塌事故。

（3）未加固处理好地基

对软弱土、冲填土、杂填土、湿陷性黄土、膨胀土、岩层出露、熔岩和溶洞等各类不均匀地基未进行加固处理或处理不当，均是导致质量事故发生的直接原因。

（4）设计错误

结构构造不合理，计算过程及结果有误，变形缝设置不当，悬挑结构未进行抗倾覆验算等错误都是诱发质量问题的因素。

（5）建筑材料及制品不合格

钢筋物理力学性能不符合标准；混凝土配合比不合理，水泥受潮、过期、安定性不满足要求，砂石级配不合理、含泥量过高，外加剂性能、掺量不满足规范要求时，均会影响混凝土强度、密实性和抗渗性，导致混凝土结构出现强度不足、裂缝、渗漏、蜂窝、露筋等质量问题；预制构件断面尺寸过小，支撑梁锚固长度不足，施加的预应力值达不到要求，钢筋漏放、错位、板面开裂等，极易发生预制构件断裂、垮塌的事故。

（6）施工管理不善、施工方法和施工技术错误

许多工程质量问题是由施工管理不善和施工技术错误所造成的。

1）不熟悉图纸，盲目施工；未经监理、设计部门同意，擅自修改设计。

2）不按图施工。例如，把铰接节点做成刚接节点，把简支梁做成连续梁；在抗裂结构中用光圆钢筋代替变形钢筋等，极易使结构产生裂缝而破坏；对挡土墙的施工不按图纸设滤水层、留排水孔，易使土压力增大，造成挡土墙倾覆。

3）不按有关施工验收规范施工。如对现浇混凝土结构不按规定的位置和方法，随意留设施工缝；现浇混凝土构件强度未达到规范规定的强度时就拆除模板；砌体不按组砌形式砌筑，如留直搓不加拉结条，在小于1m宽的窗间墙上留设脚手眼等错误的施工方法。

4）不按有关操作规程施工。例如，用插入式振捣器捣实混凝土时，不按插点均布、快插慢拔、上下抽动、层层扣搭的操作法操作，致使混凝土振捣不实，整体性差。又如，砖砌体的包心砌筑、上下通缝、灰浆不均匀饱满等现象都是导致砖墙、

砖柱破坏、倒塌的主要原因。

5）缺乏基本结构知识，施工蛮干。如不了解结构使用受力和吊装受力的状态，将钢筋混凝土预制梁倒放安装；将悬臂梁的受拉钢筋放在受压面；结构构件吊点选择不合理；施工中在楼面超载堆放构件和材料等，均会给工程质量和施工安全带来重大隐患。

6）施工管理混乱，施工方案考虑不周，施工顺序错误，技术措施不当，技术交底不清，违章作业，质量检查和验收工作敷衍了事等都是导致质量问题的祸根。

（7）自然条件影响

施工项目周期长、露天作业多，受自然条件影响大，温度、湿度、雷电、大风、大雪、暴雨等都可能造成重大的质量事故，在施工中应予以特别重视，并采取有效的预防措施。

（8）建筑结构使用问题

建筑物使用不当也易造成质量问题。例如，不经校核、验算就在原有建筑物上任意加层，使用荷载超过原设计的容许荷载；任意开槽、打洞、削弱承重结构的截面等。

6. 持续改进

施工过程中对质量管理活动和施工工作的主动控制和动态控制，对出现影响质量的问题及时采取纠正措施，对经分析、预计可能发生的问题及时、主动地采取预防措施，在使整个施工活动处于受控状态的同时，也使整个施工活动的质量得到改进。

纠正措施和预防措施的采取既针对质量管理活动，也针对施工工作，尤其是针对建筑工程项目的各分部分项工程施工中质量通病所采取的防治措施。

第三章 建筑工程环境与风险管理

第一节 建筑工程环境管理

一、工程环境管理的内涵

环境是指与人类密切相关的、影响人类生活和生产活动的各种自然力量或作用的总和，不仅包括各种自然因素的组合，还包括人类与自然因素间相互形成的生态关系的组合。

环境管理是指运用计划、组织、协调、控制等手段，为达到预期环境目标而进行的一项综合性活动。

工程项目环境管理是指在工程项目建设过程中对自然环境和生态环境实施的保护，以及按照法律法规的要求对作业现场环境进行的保护和改善，防治和减轻各种粉尘、废水、废气、固体废弃物以及噪声、振动等对环境的污染和危害。

二、工程建设对环境的影响

工程建设对所在地区的周边环境影响是巨大的。有些是可见的直接影响，比如采伐森林、废料污染和噪声等；有些是在建设过程中产生的间接影响，如自然资源的消耗。工程建设的环境影响不会随着工程项目建造的结束而结束，在工程项目使用过程中会对其周围环境造成持续性影响。因此，工程项目的环境保护应是伴随整个建设工程的全寿命期的。

在工程项目建设过程中，特别突出的环境影响体现在以下几个方面：

1. 土地使用泛滥

工程项目建设要占用土地，不仅使用大量地上土地，地下空间也成为热门开发资源。除此之外，土地开发会导致一些条件较差的区域遗留，剩下荒弃的场地和废弃建筑物和构筑物。

2. 生态环境破坏

越来越多的工程项目对所在地地貌、自然景观和野生动物构成恶劣影响，其中很多是一旦受损就不可能再恢复。如植被破坏和物种灭绝等。

3. 自然资源消耗

工程项目建设过程中势必消耗大量材料和能源。例如，木材的使用会导致森林被砍伐，砖石的使用会引起矿石开采等能源消耗，并且在很长一段时间内难以消除。

4. 生活环境污染

在工程项目建设过程中，由于使用一些设备仪器或不适当的生产方法，形成的粉尘颗粒和有毒气体会造成大气污染；现场生产过程经常会通过自然水道和人工排水系统来排放污水；天然原料的开采及加工、材料的运输及储存等都易产生大量的废弃物。

5. 健康安全影响

对于任何一个工程项目，噪声、灰尘、污染和交通问题常常与当地居民生活环境的舒适性息息相关。同时，由于工程项目自身特点，总会对现场工作人员和当地居民构成一定的安全威胁。

三、建筑工程环境保护与管理

（一）基本内容

1. 防治大气污染

大气污染主要是燃烧生成的气体状态污染物和烟尘、粉尘类粒子状态污染物。施工现场防治大气污染的重点包括：施工现场垃圾要及时妥善清理，严禁凌空抛撒；施工现场道路尽量利用永久性道路，并防治道路扬尘；水泥、白灰等易飞扬细颗粒散体材料应妥善存放；禁止在现场焚烧会产生有毒、有害烟尘的物质等。

2. 防治水污染

现场水污染主要是工业污染和生活污染，其主要防治措施包括：禁止含有毒、有害废弃物的土方回填；施工现场搅拌站等污水，应经沉淀池沉淀后排放；防治油料因跑、冒、滴、漏而污染土壤水体；妥善保管化学药品、外加剂等，避免污染环境；生活污水经处理后，方可排入市政污水管网。

3. 防治噪声污染

现场噪声污染有机械性噪声、空气动力性噪声、电磁性噪声和爆炸性噪声。为防治噪声扰民，应严格控制噪声；在人口稠密地区进行强噪声作业时，应严格控制作业时间；尽量选用低噪声设备或采用隔声等设施。

4. 固体废物处理

施工现场常见的固体废物为工业垃圾和生活垃圾。固体废物不仅侵占土地，还会对土壤、水体和大气造成污染。固体废物的处理措施包括回收利用和循环再造、物理处理、化学处理、生物处理、热处理、固化处理等。

（二）基本要求

1. 确定环境因素时应考虑的几方面

（1）环境因素的识别。

（2）确定重大环境因素。

（3）新产品、新工艺或新材料对环境的影响。

（4）是否处于环境敏感地区。

（5）活动、产品或服务发生变化对环境因素有什么影响。

（6）环境影响的频度和范围。

在确定因素时，应考虑正常、非正常和潜在的紧急状态。建筑业的特殊性表现为产品是固定的，而人员是流动的。在不同的环境下，产生影响的环境因素也是不相同的。如不同的施工工艺产生不同的后果，如选择现场潜水钻孔灌注桩，并采用泥浆护壁，则产生了噪声、泥浆对环境的影响；而选择静压桩工艺对环境影响较小。因此，对建筑业的环境因素分析必须针对项目进行。

2. 环境影响的识别和评价应考虑的因素。

（1）对大气的污染。

（2）对水的污染。

（3）对土壤的污染。

（4）废弃物。

（5）噪声。

（6）资源和能源的浪费。

（7）局部地区性环境问题。例如，一般情况下，振动、无线电波可不视作环境影响，而在特殊条件下，这些因素可视为环境影响。

对以上因素的评价应从法规规定、发生的可能性、影响结果的重大性、是否可获得预报以及目前的管理状况等方面进行。评价结果应确定重大环境因素，并制定运行控制以及应急准备和相应措施。

（三）建筑工程施工污染及其管理

1. 建筑施工的污染种类

（1）大气污染

工程项目施工现场对大气产生的主要污染物有厨房烧煤产生的烟尘，建材破碎、碾磨、加料过程和装卸运输时产生的粉尘，施工动力机械尾气排放等。

（2）建筑材料引起的空气污染

其主要有氨、甲醛、VOC（苯及同系物）、氡及石材本身的放射性。此外，办公室使用的复印机应安置在通风良好的地点，并配置排风机。

（3）水污染

施工现场水污染主要为废水和随水而流的废物，包括泥浆、水泥、油漆、各种油类、混凝土添加剂、有机溶剂、重金属等。

（4）土壤污染

在城市施工时，如有泥土场地易污染现场外道路，可设立冲水区，用冲水机冲洗轮胎，防治污染。修理机械时产生的液压油、机油、清洗油料等不得随地泼倒，应集中到废油桶，统一处理。禁止将有毒、有害的废弃物用作土方回填。

（5）噪声污染

噪声是施工现场与周围居民最容易产生争执的问题。我国已制定适用于城市建筑施工场地的国家标准《建筑施工场界噪声限值》和《建筑施工场界噪声测量方法》。由于噪声限值是指与敏感区域相对应的建筑施工场地边界线处的限值，实际需要控制的是噪声在边界处的声值。

2. 防治环境污染的方法

建筑施工的噪声主要由施工机械使用所产生，如打桩机、推土机、混凝土搅拌机等发出的声音。噪声是影响与危害非常广泛的环境污染问题。噪声环境可以干扰人的睡眠与工作，影响人的心理状态与情绪，造成人的听力损失，甚至引起许多疾病。长期工作在90dB以上的噪声环境中，人耳不断受到噪声刺激，听觉疲劳现象无法消除，且会越来越重，最终可能发展为不可治愈的噪声耳聋。如果人耳突然暴露在高达140dB以上的噪声中，强烈刺激可能造成耳聋。施工现场噪声的控制措施主要从声源、传播途径、接收者防护等方面来考虑。

防治噪声影响的方法之一是正确选用噪声小的施工工艺，如采用免振捣混凝土，可减少噪声的强度；之二是对产生噪声的施工机械采取控制措施，包括打桩锤的锤击声以及其他以柴油机为动力的建筑机械、空压机、振动器等。如条件允许，应将电锯、柴油发电机等尽量设置在离居民区较远的地点，降低扰民噪声。夜间施工应减少指挥哨声、大声喊叫，同时还要教育职工减少噪声，注意语言文明。

四、建设工程环境管理内容与措施

(一)建设工程环境管理内容

1. 工程设计阶段环境管理

工程设计阶段应重点考虑以下几个方面的影响因素:

(1)考虑平面布局对环境的影响

土地资源的再回收利用,现场生态环境,道路与交通,建筑微观气候。

(2)考虑对周边环境的影响

听取用户和社区的意见,建筑外观符合美学要求,控制噪声,利用植物绿化建筑物,预测并减少建设对环境的各种污染。

(3)考虑节约能源对环境的影响

进行节能设计(如加强自然通风与自然采光的使用),采用高效节能材料,利用可再生资源。

2. 工程招标投标阶段环境管理

鉴于工程建设造成的污染问题以及对工程项目建设的影响,许多工程招标中不同程度地规定了环境问题的解决办法或对策要求,投标单位控制环境污染的措施与文明施工已成为评标中的一项重要指标。

3. 工程施工阶段环境管理

(1)现场卫生防疫管理

重视施工现场卫生防疫设施的建设,保证生活空间和工作环境的卫生条件符合国家和地方规定,从而为工程项目的建设提供一个健康、良好的工作环境,有利于保障工程项目的顺利完成。

(2)废弃物产生的污染

这主要指建筑垃圾,即混凝土、碎砖、砂浆等工程垃圾,各种装饰材料的包装物,生活垃圾及施工结束后临时建筑拆除产生的废弃物等。若处理不当,将会造成弃渣阻碍河、沟等水道,降低水道的行洪能力,占用耕地。因此,应做好废弃物填埋处理,甚至可以将一些无毒无害的物质进行回收再利用,节约能源,防止有害物质再次污染。

(3)噪声的污染

施工过程中产生的噪声主要来源于施工机械,根据不同的施工阶段,施工现场产生噪声的设备和活动包括:①土石方施工阶段:挖掘机、装载机、推土机、运输车辆等;②打桩阶段:打桩机、振捣棒、混凝土搅拌车等;③结构施工阶段:地泵、汽车泵、混凝土搅拌车、振捣棒、支拆模板、搭拆钢管脚手架、模板修理、电锯、外用电梯等；④装修及机电设备安装阶段：拆脚手架、石材切割、外用电梯、电锯等。

（4）水的污染

在工程项目建设过程中，生产生活废水的随意排放，会使地面水受到污染，甚至污染饮用水源，影响河道下游水质。

（5）粉尘的污染

施工现场所产生粉尘的主要来源包括施工期间各种车辆和施工机械在行驶和作业过程中排放的大量尾气，以及水泥、粉煤灰、沙石土料等建筑材料的运输和开挖爆破过程中产生的尘灰，会对周围城市空气环境质量造成极大影响。不仅会严重影响当地居民的生活及环境卫生，甚至在严重时会造成呼吸困难，视觉模糊等情况。

（6）危险有毒的化学品

在施工现场，易燃易爆品、油品及一些有毒化学品在运输、储存和使用过程中，若不谨慎正确操作，不仅会对施工现场安全产生威胁，同时也会严重破坏所在地及周边环境。

（二）建设工程环境管理措施

1. 施工准备阶段管理措施

施工单位应建立环境领导小组，制定环境保护管理实施细则，明确各部门在施工现场环境保护工作中的职责分工；建立健全施工现场环境管理体系和环境管理各项规章制度，并广泛宣传，认真落实；核实确定本单位施工范围内的环境敏感点、施工过程中的重大环境因素；明确本单位施工范围内各施工阶段应遵循的环保法律法规和标准要求。同时，编制年度培训计划，建立培训和考核程序，定期对各层次环境管理工作人员进行环保专业知识培训。

施工单位在编制施工组织设计和施工方案时，应有相应的环境保护工作内容，主要包括：根据施工特点，围绕环境敏感点，制订噪声振动控制方案；根据工地具体情况和环境要求，制订预防扬尘和大气污染的工作方案、工地排水和废水处理方案以及固体废物的处置方案；保护城市绿化的具体工作；施工范围内已有的列入保护范围内的文物名称和具体保护措施等。

应按要求做好施工现场开工前的环保准备工作，列出开工前必须完成的环保工作明细表，明确要求、逐项完成。

2. 施工过程中的管理措施

施工单位要指派专人负责施工现场和施工活动环境保护工作方案中的各项工作，

将环保工作和责任落实到岗位和个人。在日常施工中随时检查，出现问题及时反馈和纠正。

根据不同施工阶段和季节特征及时调整环保工作内容，每周对环保工作进行一次例行检查并记录检查结果，内容包括：施工概况、污染情况及环境影响等；污染防治措施的落实情况、可行性和效果分析；存在的问题预测和拟采取的纠正措施及其他需说明的问题。

应设置专人负责应急计划的执行，至少每季度进行一次应急计划落实情况的检查工作，一旦发生事故或紧急状态时，要积极处理并及时通知建设单位。在事故或紧急状态发生后，组织有关人员及时对事故或紧急状态发生的原因进行分析，并制定和实施减少与预防环境影响的措施。

第二节　建筑工程风险管理

一、建筑工程项目风险

（一）工程项目风险的界定

1. 风险

风险是指人们不能预见或控制某事物的一些影响因素，使得事物的实际结果与主观期望产生较大背离，从而使人们蒙受损失的可能性。因此，风险可定义为：在给定的情况下和特定的时间内，那些可能产生的实际结果与主观期望之间的差异。

2. 工程项目风险

工程项目风险是指在工程建设过程中，可能出现的预期结果与实际结果之间的差异进而导致损失的可能性。工程项目的立项、分析、研究、设计和计划都是基于对未来情况（政治、经济、社会、自然等）的预测，基于正常的、理想的技术、管理和组织。而在实施过程中，这些因素都有可能发生变化，使得原定的计划方案受到干扰，目标不能实现。这些事先不能确定的内外部干扰因素，称为工程项目风险。

3. 工程项目风险的特点

现代工程项目具有规模大、技术先进、建设周期长、参建单位多、与环境接口复杂等特点，在项目建设过程中，潜在的风险因素数量多且种类繁杂。工程项目风险的特点包括类型多样、范围广、影响面大、损失严重等。

（1）风险类型多样

在一个工程项目中存在着许多种类的风险，如政治风险、经济风险、法律风险、自然风险、合同风险等。这些风险之间存在复杂的内在联系。

（2）风险范围广

风险在整个项目生命周期中都存在。如在目标策划中可能存在构思错误，重要边界条件遗漏，目标优化错误；可行性研究中可能有方案失误，调查不完全，市场分析错误；技术设计中可能存在专业不协调，地质不确定，图纸和规范错误；施工中可能会物价上涨，实施方案不完备，资金缺乏，气候条件变化；运行中可能会存在市场变化，产品不受欢迎，运行达不到设计能力，操作失误等。

（3）风险影响面大

在工程项目实施过程中，风险影响常常不是局部的，而是全局的。例如，反常的气候条件造成工程停滞会影响整个后期计划，影响后期所有参加者的工作，不仅造成工期的延长，而且造成费用增加，并对工程质量产生危害。即使是局部风险，其影响也会随着项目的发展逐渐扩大。例如，一个活动受到风险干扰，可能影响与其相关的许多活动，在项目中风险影响随时间推移有扩大的趋势。

（4）风险损失严重

工程项目投资巨大、涉及面广，在建筑物内活动人员众多，一旦建筑物出现倒塌，势必造成巨大的财产损失和人员伤亡，社会影响广泛。政府主管部门轻则勒令企业停产整顿，取消其一定期限的投标资格；重则取消企业市场准入资格，吊销营业执照，危及企业生存。同时，风险损失也会间接给企业声誉带来损害。这种财产损失和声誉损害在短时期内很难恢复。

（5）风险渐进性

风险渐进性是指绝大部分风险不是突然爆发的（只有极小部分风险是由突发性事件引发的），是随着环境、条件和自身固有的规律一步一步逐渐发展形成的。当项目的内、外部条件逐步发生变化时，项目风险的大小和性质就会随之发生变化。

（6）风险阶段性

风险阶段性是指风险发展是分阶段的，而且这些阶段都有明确的界限、里程碑和风险征兆。通常风险的发展有三个阶段：一是潜在风险阶段；二是风险发生阶段；三是造成后果阶段。风险发展的阶段性为开展风险管理提供了前提条件。

（7）风险规律性

项目实施有一定的规律性，风险的发生和影响也有一定的规律性，是可以预测的。重要的是有风险时，要重视风险，对风险进行全面控制。

综上所述，工程项目建设过程中的风险是客观存在的，不以人的意志为转移。

因此，要保证工程项目按预期目标实现，从而使各参与方获得预期回报，风险管理就显得非常重要。

4. 工程项目风险分类

风险是多种多样的，为便于对各种风险进行识别、评估和管理，将风险按照一定的方法进行科学分类是十分必要的。

（1）按风险对象分类

①财产风险

财产风险是指导致一切有形财产损毁、灭失或贬值的风险。例如，建筑物遭受火灾、地震、爆炸等损失的风险。

②责任风险

责任风险是指因个人或团体行为的疏忽或过失，造成他人财产损失或人身伤亡，依照法律、合同或道义应负经济赔偿责任的风险。如建设单位对员工在从事职业范围内活动中身体受到伤害等应负的经济赔偿责任等。

③信用风险

信用风险是指在经济交往中，权利人与义务人之间，由于一方违约或违法行为给对方造成经济损失的风险。

④人身风险

人身风险是指可能导致人的伤残、死亡或损失劳动力的风险。例如疾病、意外事故、自然灾害等。

（2）按风险产生的原因分类

①自然风险

自然风险是指因自然力的不规则变化，对人们的经济生活、物质生产及生命造成的损失或损害，如地震、水灾、火灾、风灾、雹灾、冻灾、旱灾、虫灾及各种瘟疫等。

②社会风险

社会风险是指社会治安的稳定、社会禁忌、劳动者的文化素质、社会风气等引起的风险。

③法律风险

法律风险是指法律不健全，有法不依、执法不严，相关法律内容的变化，相关法律对项目的干预等引起的风险。

④经济风险

经济风险是指国家经济政策的变化，产业结构的调整，银根紧缩，工程项目承包市场、材料供应市场、劳动力市场的变动，工资、物价上涨，通货膨胀速度加快，原材料进口价格和外汇汇率的变化等方面的风险。

⑤技术风险

技术风险是指采用技术的先进性、可靠性、适应性发生重大变化，导致生产能力利用率降低、生产成本提高等给工程带来的风险。

(二) 工程项目风险分析

1. 工程项目风险识别

(1) 风险识别

风险识别是通过一定方法，对大量来源可靠的信息进行分析，找出影响项目风险管理目标实现的风险因素，分析风险产生的原因，筛选确认项目实施过程中应予以考虑风险因素的过程。

风险识别是风险管理的第一步，是风险管理的基础和前提。必须首先正确识别风险，统一认识，才能制定出相应的管理措施。通过对风险因素的识别，才能确定风险的范围，即有哪些风险存在，将这些风险因素逐一列出，作为风险管理的对象，从而有针对性地提出处理方案。

(2) 风险识别的程序

①收集与项目风险有关的信息

风险管理需要大量信息，要对项目的系统环境十分了解，并进行预测。风险识别就是要确定项目具体的风险，掌握项目及项目环境的特征数据，如项目的主要数据资料、设计与施工文件，了解项目的规模、工艺的成熟程度。

②确定风险因素

通过调查、研究、座谈、查阅资料等手段分析工程、工程环境、已建类似工程等，列出风险因素一览表。在此基础上通过选择、确认把重要的风险因素筛选出来加以确认，列出正式风险清单。

③风险分类

通过对风险进行分类能加深对风险的认识和理解，同时也辨清了风险性质。实际操作中可依据风险性质、可能的结果及彼此间可能发生的关系进行风险分类。

④编制《风险识别报告》

《风险识别报告》是在风险清单的基础上补充的文字说明。《风险识别报告》通常包括已识别的风险、潜在的风险和风险的征兆。

(3) 风险识别的方法

在工程项目实施过程中，许多风险具有较强的隐蔽性，各种风险交织，引起风险的原因更是错综复杂，这就给风险识别带来了一定的困难。因此，风险识别必须采用一些科学的方法。实践中，可采用一些方法来识别并具体描述各种风险。

常用的有专家调查法（头脑风暴法、德尔菲法）、分析询问法、情景分析法、流程图分析法、现场考察法、故障树分析法、环境分析法等，使用时应针对具体问题加以选择。

2. 工程项目风险估计

（1）风险估计

风险估计是在风险识别的基础上，通过各种风险分析技术，采用定性或定量分析方法，对工程项目各个阶段存在的风险发生概率、后果严重程度、可能发生的时间和影响范围予以客观估计，以便进一步对风险进行评价、正确选择风险处理方法。

工程项目风险估计有利于较为准确地预测损失发生的概率和损失的大小，风险管理者根据损失概率分布情况，结合损失程度的估计结果合理分配风险管理费用，采取相应的风险控制，将风险控制在最低限度并提供决策依据。

（2）风险估计的内容

①风险概率的估计

风险发生的可能性有其自身的规律性，通常可用概率表示。概率范围在必然事件（概率等于1）和不可能事件（概率等于0）之间。其发生有一定的规律性，但也有不确定性。所以，人们经常用风险发生的概率来表示风险发生的可能性。估计风险发生的概率需要利用已有数据资料和相关专业方法。相关专业方法主要指概率论方法和数理统计方法。

②风险损失量的估计

风险损失量的估计是非常复杂的问题，有的风险造成的损失较小，有的风险造成的损失很大，可能引起整个工程的中断或报废。

（3）风险估计的步骤

①搜集信息

搜集类似工程有关风险的经验和积累的数据，与工程有关的资料、文件等，所收集的资料要求客观、真实，最好具有可统计性。

②对信息加工整理

根据所收集的数据、资料进行加工整理，列出项目所面临的风险，并对风险发生的概率和损失的后果进行统计分析。

③估计风险程度

风险程度是风险发生的概率和风险发生后的损失严重性的综合结果。各种风险的损失量包括可能发生的工期损失、费用损失以及对工程的质量、功能和使用效果等方面的影响，根据风险发生的概率和损失量，确定风险量和风险等级。

④提出风险估计报告

风险估计分析结果必须用文字、图表表达说明。风险估计报告不仅应作为风险估计的成果，而且应作为风险管理的基本依据。

3. 工程项目风险评价

（1）风险评价

风险评价是在风险识别和风险估计的基础上，综合考虑风险属性，判断风险对工程实施的影响。风险评价应解决三个层次的问题：一是对项目风险管理的措施，通过分析其风险管理成本和风险管理效益，判断风险管理措施经济上是否可行；二是对项目进行风险评价，判断项目风险程度是否在企业风险管理目标之内，从风险角度判断项目是否可行；三是针对风险可行的项目进行项目风险综合评价，选择符合国家或企业战略的最佳实施方案。

（2）风险评价的方法

风险评价的方法有主观评分法、层次分析法、模糊数学法等。

①主观评分法

主观评分法，一般取 0 到 10 之间的整数（0 代表没有风险，10 代表最大风险），由风险管理人员和各方面专家进行评价，为每一个风险赋予权重，然后把各个权重下的评价值加起来，再同风险评价基准进行比较。

对所有专家评价的结果进行适当分组，考虑专家的权威程度，分别确定专家权重；然后，计算每组专家的比重。该比重为评价结果在该组的专家权重和，可选取比重值最大的组中值作为下一轮评价的参考数值。

②层次分析法

在工程风险分析中，层次分析法提供了一种灵活的、易于理解的工程风险评价方法。一般用于工程项目投标阶段，可使风险管理者对拟建项目的风险情况有一个全面认识，并判断出工程项目的风险程度。

③模糊数学法

在经济评价过程中，有很多影响因素的性质和活动无法用数字定量描述，其结果也是含糊不定的，无法用单一的准则来判定。模糊数学的优势在于，为现实世界中普遍存在的模糊、不清晰的问题提供了一种充分的概念化结构，并以数学的语言去分析和解决它们，特别适合于处理那些模糊、难以定义、难以用数字描述而易于用语言描述的变量。正因这种特殊性，模糊数学已广泛应用于各种经济评价中。

（三）工程项目风险对策

1. 风险规避

（1）风险规避

风险规避是根据风险预测评价，经过权衡利弊得失，通过采取放弃、中止活动进行，或改变活动方案等措施，以远离、躲避风险源，消除风险隐患。风险规避是一种最彻底地消除风险影响的策略。有效的规避措施可以完全解除某种风险，即完全消除遭受某种风险损失的可能。

（2）风险规避的选用

风险规避虽然能有效地消除风险源，但其采用也会带来一系列副作用，故风险规避的选用具有很大的局限性。

2. 风险转移

（1）风险转移

风险转移就是将原本该自己承担的风险转移给其他人。风险转移是工程项目风险管理中非常重要且广泛应用的一种风险对策。风险转移并非损失转嫁，转移后并不一定会给他人造成损失，因为各人的优劣势不一样，因而对风险的承受能力也不一样。

采用风险转移应遵循的原则有两个：一是被转移者最适宜承担该风险或最有能力进行损失控制；二是转移者应给被转移者一定的报酬。

风险转移常用的途径有合同风险转移、工程保险和工程担保。

（2）风险转移的选用

风险转移一般在以下情况下采用：①风险的转移方和被转移方（风险接受方）之间的损失可以清楚地计算和划分，否则双方无法进行风险转移；②被转移人能够且愿意承担适当的风险；③风险转移的成本低于其他风险管理措施。

3. 风险减轻

风险减轻是将工程项目风险发生概率或后果降低到某一可以接受的程度。

风险减轻是一种主动积极的风险对策，可分为风险预防、风险减少和风险分散。风险预防在于降低风险发生的概率；风险减少在于降低风险损失的严重性或遏制风险损失的进一步发展，使损失最小化；风险分散是通过增加风险承担者，减轻每个承担者的风险能力。一般来说，风险减轻方案应是风险预防、风险减少和风险分散的有机结合。

至于将风险具体减轻到什么程度，这主要取决于项目的具体情况、风险管理的要求和对风险的认识程度。在实施减轻措施时，应尽可能将项目每一个具体风险减小到可接受水平，从而降低项目总体风险水平。

　　无论是风险预防还是风险减少或风险分散，其具体措施均包括组织措施、管理措施、经济措施、技术措施等。组织措施有明确各部门和人员在损失控制方面的职责分工，建立相应的工作制度，对现场操作人员进行安全培训等。管理措施有风险分散措施、合同管理措施、信息管理措施等。经济措施有多渠道的融资方式、安全生产的经济激励措施、落实风险管理所需资金等。技术措施有改进施工方法、施工技术，改变施工机具等。

　　(1) 风险预防

　　风险预防是指减少风险发生的机会或降低风险的严重性，采取各种预防措施，杜绝风险发生的可能或使风险最小化。例如，供应单位通过扩大供应渠道，避免货物滞销；工程承包单位通过提高质量控制标准，防止因质量不合格而返工或罚款；管理人员通过加强安全教育和强化安全措施，减少事故的发生等。建设单位要求工程承包单位出具各种保函，防止工程承包单位不履约或履约不力；工程承包单位在合同条款中要求索赔权利也是为了防止建设单位违约或发生种种不测事件。

　　(2) 风险减少

　　风险减少是指在风险损失不可避免的情况下，采取措施遏制风险的恶化，或局限其扩展范围，使风险局部化。例如，工程承包单位在建设单位付款已经超过合同规定付款期限的情况下采取停工或撤出队伍并提出索赔要求甚至提起诉讼；建设单位在确信工程承包单位无力继续实施其委托的工程项目时立即撤换工程承包单位；施工事故发生后采取紧急救护等。

　　(3) 风险分散

　　分散风险也是有效减轻风险的措施，即通过增加风险承担者，达到减少风险的目的。在长期的投资实践活动中，人们发现保持单一的资产结构会导致风险过于集中。虽然单一资产结构常常可能会带来较高的收益，但只要发生一次风险损失，就可能使多年积累的财富毁于一旦。

　　因此，在投资实践活动中，人们遵从"不要把所有的鸡蛋装在一个篮子里"的原则。这样，即使某一投资项目发生风险损失，投资者仍可以从其他方面的收益中得到补偿。如联合投标和承包大型复杂工程，若由一家工程承包单位投标可能会承担失标的风险，况且中标后，风险因素又会很多，这些多风险若由一家工程承包单位承担显然十分不利，而将风险分散，即由多家工程承包单位以联合体的形式共同承担，可以减轻其压力，并进一步将风险转化为发展的机会。

　　4. 风险自留

　　风险自留是指将风险留给自己承担，不予转移。风险自留可分为非计划性的风险自留和计划性的风险自留。

由于风险管理者没有意识到工程项目某些风险的存在，即当初并不曾预测到，或者不曾有意识地采取种种有效措施，以致风险发生后只好由自己承担。

这样的风险自留就是非计划性风险自留。但有时也可以有意识、有计划地将若干风险留给自己。这种情况下，风险承受人通常已做好了处理风险的准备，这样的风险自留就是计划性的风险自留。

主动的或有计划的风险自留是否合理明智取决于风险自留决策的有关环境。风险自留在一些情况下是唯一可能的对策。有时企业不能预防损失，回避又不可能，且没有转移的可能性，别无选择，只能自留风险。

二、建筑工程风险管理

(一) 工程风险管理的界定

1. 风险管理

风险管理是指在掌握有关资料、数据的基础上，运用各种管理方法和技术手段对潜在的意外损失进行识别、分析、评估，并根据具体情况采取相应措施进行有效处理。也就是在主观上尽可能做到有备无患，或在客观上无法避免时亦能寻求切实可行的补救措施，从而减少意外损失或化解风险。

2. 工程风险管理

工程风险管理是指在工程项目建设过程中，通过对工程项目风险进行识别、估计和评价等，进而采取恰当的应对措施和方法对风险实行有效控制，并妥善地处理风险事件造成的不利结果，以最少的成本保证工程项目总体目标的实现。

(二) 工程风险管理内容

1. 工程项目风险识别

风险识别是指在收集资料和调查研究之后，运用各种方法对尚未发生的潜在风险以及客观存在的各种风险进行系统归类和全面识别。风险识别的主要内容是：识别引起风险的主要因素，识别风险的性质，识别风险可能引起的后果。

(1) 风险识别方法

①故障树分析法 (Fault Tree Analysis)

故障树分析法是利用图解形式将大的风险分解成各种小的风险，或对各种引起风险的原因进行分解，这是风险识别的有用工具。该法是一种利用树状图将项目风险由粗到细、由大到小、分层排列的方法，这样容易找出所有的风险因素，关系明确。与故障树相似的还有概率树、决策树等。

②德尔菲法（Delphi Method）

德尔菲法又称专家调查法。其主要依靠专家的直观能力对风险进行识别，即通过调查意见逐步集中，直至在某种程度上达到一致。

③头脑风暴法（Brain Storming）

头脑风暴法是一种刺激创造性、产生新思想的技术。一般采用专家小组会议形式进行，参加的人数不宜太多，一般只有 5 ~ 6 人，多则 10 人左右。大家就具体问题发表个人意见，畅所欲言，做到集思广益。在参加人员的选择上，应注意不能使参加者感到有压力和约束。

④情景分析法（Scene Analysis）

情景分析法是一种能够分析引起风险的关键因素及其影响程度的方法。可以采用图表或曲线等形式来描述当影响项目的某种因素发生变化时，整个项目情况的变化及其后果。情景分析的结果是以易懂的方式表示出来，大致可以分为两类：一类是对未来某种状态的描述；另一类是对一个发展过程的描述，即未来若干年某种情况的变化链。情景分析法对以下情况特别有用：提醒决策者注意某种措施或政策可能引起的风险或危机性的后果；建议需要进行监视的风险范围；研究某些关键性因素对未来过程的影响；提醒人们注意某种技术的发展会给人们带来的风险。

⑤流程图分析法（Flow-Chart Method）

流程图分析法是一种识别潜在风险的动态分析法。先建立反映项目进展的流程图，然后通过对流程图进行分析，有效地揭示项目进展中的"瓶颈"分布及其影响，找出影响全局的"瓶颈"，并识别可能存在的风险。

⑥财务报表分析法（Financial Statement Method）

风险造成的损失以及进行风险管理的各种费用都会在财务报表上表现出来，财务报表分析法就是基于这一点来识别和分析项目风险的。财务报表主要包括资产负债表、损益表、财务状况变动表和利润分配表等。

⑦现场考察法。综合运用上述几种方法，风险管理人员可能会识别大部分潜在风险，但并不是全部。为弥补上述方法的不足，风险管理人员应进行实地调查，收集相关信息。例如，到施工现场视察，可了解有关建筑材料的保管、施工安全措施的执行以及工程进展速度等情况。

（2）风险识别成果

风险识别成果是进行风险分析与评估的重要基础。风险识别的最主要成果是风险清单。风险清单是记录和控制风险管理过程的一种方法，并且在做出决策时具有不可替代的作用。风险清单最简单的作用是描述存在的风险并记录可能减轻风险的行为。

2. 工程项目风险分析与评价

风险分析与评价是指在定性识别风险因素的基础上，进一步分析和评价风险因素发生的概率、影响的范围、可能造成损失的大小以及多种风险因素对项目目标的总体影响等，更清楚地辨识主要风险因素，有利于项目管理者采取更有针对性的对策和措施，从而减少风险对项目目标的不利影响。

风险分析与评价的任务包括：确定单一风险因素发生的概率；分析单一风险因素的影响范围大小；分析各个风险因素的发生时间；分析各个风险因素的风险结果，探讨这些风险因素对项目目标的影响程度；在单一风险因素量化分析的基础上，考虑多种风险因素对项目目标的综合影响、评估风险的程度并提出可能的措施作为管理决策的依据。

（三）工程项目风险控制

工程项目风险控制是指在整个工程项目实施过程中根据项目风险管理计划所开展的各种风险管理活动。

在工程项目风险控制过程中，风险管理者应跟踪收集和分析与项目风险相关的各种信息，预测未来的风险并提出预警，纳入项目进展报告。同时，还应对可能出现的风险因素进行监控，根据需要制订应急计划（也称应急预案）。

1. 工程项目风险预警与监控

（1）工程项目风险预警

工程项目实施过程中会遇到各种风险。要做好风险管理，就必须建立完善的项目风险预警系统，通过跟踪项目风险因素的变动趋势，测评风险所处状态，尽早地发出预警信号，及时向建设单位、项目管理机构、项目监理机构和施工承包单位发出警报，为决策者掌握和控制风险争取更多的时间，尽早采取有效措施防范和化解工程项目风险。

（2）工程项目风险监控

在工程项目实施过程中，各种风险在性质和数量上都是在不断变化的，有可能会增大或衰退。因此，在工程项目整个生命周期中，需要时刻监控风险的发展与变化情况，并识别随着某些风险的消失而带来的新风险。

2. 工程项目风险应急计划

在工程项目实施过程中必然会遇到大量未曾预料到的风险因素，或风险因素的后果比预料的后果更严重，使事先编制的计划不能奏效，此时必须重新研究应对措施，即编制附加的风险应急计划。工程项目风险应急计划应清楚说明当发生风险事件时要采取的措施，以便快速、有效地对这些事件做出响应。

风险应急计划的编制程序如下：

（1）成立预案编制小组。

（2）制订编制计划。

（3）现场调查，收集资料。

（4）环境因素或危险源的辨识和风险评价。

（5）控制目标、能力与资源的评估。

（6）编制应急预案文件。

（7）应急预案评估。

（8）应急预案发布。

第四章 BIM背景下的建筑工程供应链信息协同管理

第一节 BIM（建筑信息模型）概述

一、BIM技术的定义

BIM是近年来在原有CAD（Computer Aided Design）基础上发展起来的一种多维模型信息集成技术。如何准确地定义BIM，不同的专家学者有不同的观点和见解，其中最具有代表性的观点包括：美国NBIMS（National Building Information Model Standard）认为BIM是一个设施物理特征和功能特性的数字化表达，是项目信息的共享数据来源，可为建筑全寿命周期内参与各方提供精准的工作依据；Building SMART认为BIM除了基本的模型建立外，还是项目全生命周期内信息管理的有力工具；国际标准组织设施信息委员会（Facilities Information Council，FIC）则将BIM定义为：BIM是在开放的工业标准下对设施物理和功能特性及相关的项目全生命周期信息的可计算、可运算形式的表现，目的是给多方决策提供支持，以更好地实现项目价值。

由以上对BIM定义不同的论述可知，BIM不仅是对建筑行业一种现有技术的更新，更是一种生产组织模式和项目管理方式的变革。BIM的完整定义至少包含以下三个方面：

（一）覆盖全生命周期

BIM覆盖了建筑项目策划、设计、招投标、施工、运营维护管理等全生命周期内所有阶段。通过在不同阶段对同一BIM模型进行信息的输入、提取和修改，从而实现项目信息的综合集成。BIM出现以前，各阶段的项目信息是彼此独立的，上一阶段产生的项目信息无法准确无误地传递到下一阶段，造成信息断流，形成信息孤岛。事实上，BIM应用的阶段数量越多，项目信息的综合集成程度就会越高，BIM应用价值也就会越大。

（二）应用参与方众多

由于建筑工程项目参与方众多，不同参与方的 BIM 应用重点和价值也就有所不同。按不同的项目参与方可分为：建设单位、设计单位、施工单位、咨询单位和政府机构等。对于建设单位而言，应用 BIM 可进行可行性分析（景观分析、日照分析、温度分析等）、后期运营维护管理等（管道线路、设施设备管理维护等）；对于设计单位而言，应用 BIM 可进行设计方案比选、设计碰撞检查、设计成果 3D 展示等；对于施工单位而言，应用 BIM 可进行成本、质量、进度管控，工程量核算、复杂节点虚拟建造、可视化交底、编制施工方案、施工现场空间分析等；对于咨询单位而言，应用 BIM 可进行造价咨询管理、施工图纸深化设计、组织协调管理等；对于政府机构而言，应用 BIM 技术可进行公共资产管理、智慧城市构建等。可见，BIM 可以服务于建筑工程项目的各个参与方，并使得各个参与方都能获得不同方面和不同程度的 BIM 应用效益。

（三）信息包含全面

BIM 模型的建立是 BIM 应用的前提和基础，BIM 模型信息可划分为几何信息、技术信息和产品信息三类。几何信息，通过绘制模型来表达实体构件尺寸、形状、位置、颜色等信息；技术信息，通过模型参数设置，赋予构件相应的材料和材质、技术参数等信息；产品信息，通过文本录入，记录供应商、产品合格证、生产厂家、生产日期、价格等信息。

二、BIM 管理与传统管理之间流程的区别

基于 CAD 图纸的传统建筑施工项目管理方式长期不变，使得质量差、工期超时、费用超支成为项目通病。由于缺乏信息共享协作的平台，这种项目管理方式不便于设计信息和施工信息在企业内部和项目各参与方之间的传递和执行，造成了资源浪费、投资效益低、竞争力下降等一系列不良后果。

BIM 不仅是管理工具的升级，更是管理理念和方式的升级，不能将 BIM 视为传统施工项目管理中的一部分内容进行管理，而是应利用 BIM 对施工项目管理进行全方位的信息化转型升级。具体而言，传统施工项目管理方式是基于二维平面展开的，而 BIM 的管理方式是基于三维模型展开的。这种信息承载方式的不同，决定了基于 BIM 的管理方式将至少领先传统管理一个维度。行业内常说，如果将 CAD 称作建筑行业的第一次改革，那么 BIM 就一定是建筑业的第二次改革。

（一）设计阶段管理流程区别

1. 设计管理基础的区别

CAD（Computer Aided Design）全称为计算机辅助设计，其先进意义在于使建筑设计师告别手绘图纸的设计时代，转而向利用计算机进行效率更高的平面设计转变，行业内将这一过程形象地称为"甩图板"，它的本质是设计工具的一种变革。

事实上，BIM 在建筑行业的应用首先是从设计阶段开始的，尤其是在结构复杂、造型新颖的异型建筑设计中，BIM 已经大放异彩。以上海中心的外幕墙设计为例，BIM 的参数化设计功能实现了在虚拟环境中对外幕墙进行工厂级别的定制和预拼装，大大减轻了幕墙设计和制作的工作量，缩短了工期，节约了成本，保障了工程的高质量。

2. 设计管理流程的区别

传统管理方式下设计出一套完整的施工图纸需要四个步骤，即概念设计、方案设计、初步设计和施工图设计，最终交付给施工单位的是一套施工设计图纸。而在BIM 管理流程中，增加了四个新的步骤，即在初步设计完成后进行 BIM 碰撞检查，形成施工图纸，然后在施工图纸的基础上进行 BIM 管线综合优化，形成管线综合优化后的图纸，最后将优化后的图纸和 BIM 模型一并交给施工单位。与传统管理方式不同的是，设计单位交付的设计成果不再仅仅是施工图纸，而是需同时交付包含所有设计信息的 BIM 模型。

现阶段我国 BIM 应用水平的不成熟、市场的不完善、设计标准和设计人员的缺乏，使得这种理想情况下的 BIM 设计阶段管理流程还不能完全实现。大多数设计单位仍然采用传统的设计管理流程，交付设计成果的方式也仍然是 CAD 图纸，而且在设计阶段就进行碰撞检查和管线综合优化的设计项目也为数不多。

（二）施工阶段管理流程区别

1. 施工管理基础的区别

建筑施工管理的目标和任务就是保质、保量完成施工图纸的设计内容。传统施工管理活动是基于 CAD 图纸进行的，但 CAD 图纸承载的信息量有限，信息密度低，且常常出错。例如，在结构平面图中某结构柱断面尺寸为 600×800，而在建筑图中又变为 600×600，这种低级错误使得施工管理活动不能顺利进行。

CAD 和 BIM 的重要区别首先在于两者的技术基础是不同的。首先，CAD 技术基础是二维图形，平面信息表达方式决定其包含的信息量必然不足的问题。其次，CAD 表达的项目信息直观性差，与设计阶段相类似，施工人员在施工活动中只能以平面图、立面图和剖面图为依据，先在脑中通过想象拟建起"建筑的三维模型"，然后进行施工操作，这种"三维模型"的建立情况受施工人员专业素质和工作经验的影响较大，往往会出现不同程度的偏差，容易出现施工完成的建筑实体与设计图纸的设计内容不完全一致的问题。最后，以上各种问题的发生使得施工现场变更、签证不断产生，项目参与各方不得不为了解决这些问题而进行经常性的会议沟通，尤其是施工单位与设计院的设计变更沟通通常成本高、耗时久。

BIM 技术基础是三维模型，三维立体的项目信息表达方式包含了大量的设计信息，且信息密度高，形象直观。在建筑项目施工过程中，不仅能进行可视化交底，让施工人员在模型中先找到对应的施工位置，经过 360° 全方位观察后，再进行施工操作；还能提前实现对复杂节点的施工仿真模拟，让施工人员迅速掌握施工操作要领，确保施工质量。

2. 施工管理流程的区别

施工单位利用 BIM 进行建筑施工项目管理是从项目中标后正式开始的。首先，根据设计单位交付的 CAD 图纸进行 BIM 模型的翻建。其次，对翻建的 BIM 模型进行管线碰撞检查。最后，利用修改后的模型进行进度管理、质量管理、成本管理和空间管理等一系列施工指导工作。

三、BIM 的基本特点

（一）BIM 的复杂性

BIM 技术具有复杂性的特点，原因之一就是它需要计算机技术发挥其辅助作用。建筑信息模型就是通过计算机建立起虚拟的建筑物，再经过借助参数化设计方法，该虚拟建筑物就具备了真实结构。在这样一个虚拟的建筑中包含了大量的信息，包括建筑材料和建筑构件以及建筑物的几何形状和大小等。同时，该虚拟建筑物还包含了大量非几何信息，如墙面、门窗等。这实际上便是 BIM 技术通过具体的数字化、信息化，在电脑中建立了一座座虚拟建筑，在这些许许多多的虚拟建筑中就包含其对应的真实建筑物的所有真实、具体的信息，即好比数学模型一般，通过借助计算机技术手段构建一个个数学模型，在这些一个个建筑物信息模型中就提供了每个单一的、完整的、一致的建筑物信息数据库。

在建筑工程施工过程中一般会经历规划、设计、施工、运营四个阶段，四个不同的阶段分别都有各自的任务，参与建筑项目施工的人员种类也较多、较复杂。建筑工程参与方大致可以分为两类——直接参与方和间接参与方。那么，众多参与方到底以什么标准来进行分类呢？举一个例子，一般设计单位、施工单位、监理单位等系列工程就属于直接参与方，这一方对工程管理负主要责任。在直接参与方中，毋庸置疑，业主方也是包含其中的，对整个建筑工程起着关键的指挥作用；而一般政府部门、社会群众等就归为间接参与方一类，也正因一个工程项目涉及如此众多的参与方，就增大了建筑工程项目的信息复杂性。

（二）BIM 信息的延续性

美国 Building SMART 联盟对目前的 BIM 技术总结了多种不同应用，在业界具有一定的权威性。我们也不难看出规划设计阶段中的建筑物周边环境模型和价值评估，以及建设阶段中的档案模型。这三个应用是很关键的应用，它们是在建筑工程项目的不同阶段 BIM 应用的典型信息代表。BIM 技术要确保将建筑工程项目中各个阶段所产生的信息以数字形式保存在中心数据库，以便随时存储和调用数据库中的信息，同时在建筑工程实施的不同阶段所需要的信息也是不一样的，这项工作也要求 BIM 技术能够保证及时将相关信息以数字形式提取。建筑工程的 BIM 是一个持续的过程，大致包括四个发展阶段，分别是规划阶段、设计阶段、施工阶段和运营维护阶段。这四个阶段是互相联系、相互影响的，任何一个不准确的信息都会影响下一步操作的实施，以致破坏整个工程，这将严重导致工程无法正确进入下一步操作。因此，在建筑工程项目中所产生及需要的信息都要保持延续性。

四、BIM 的基本应用不断加强

（一）BIM 的精细化

建筑工程项目管理中信息的准确性和及时性对整个项目起到至关重要的作用。因此，项目管理的数字化和信息化技术是提高工作效率和成功完成项目的基础。对于一个建筑工程项目而言，工程量是建筑工程项目最基础、最重要的数据，这就涉及工程造价的问题。工程造价的准确性与建筑工程量及材料价格密切相关。传统的造价管理通常采用手工方式来统计建筑工程量，手工统计工程量的方法大大增加了工作量，而且如果有遗漏的情况出现，从而影响了数据统计的正确性，就会导致不能按时完成统计任务。同时，建筑材料的价格受到市场供需关系的影响，且不同地区的材料价格也不同。

在运用 BIM 技术的整个建筑工程项目中，通过计算机建立起来的 BIM 模型建筑物中就已经包含了该项目在建造过程中所需的工程量和建筑材料价格等信息，因此借助 BIM 技术能够迅速、准确得到工程量等信息。通过该技术，在计算造价时只需遵照当地工程量计算规则，在软件中进行相应的调整增减构件，计算机系统就会自动、快速地完成扣减工程量的运算。由此可看出，通过该技术大大提高了工程量统计的速度与计算的精确性，基于 BIM 技术的造价管理尤其对于较大规模的建筑工程项目而言优势明显。同时，BIM 技术的成本管理软件可以在施工过程中快速、有效地自动分析出建筑工程项目中完成或未完成的工程量、材料价格等信息，从而使大量劳动力得到解放，并可以应用到工程项目的其他工作岗位上。

（二）BIM 的规划设计

传统的二维设计中经常出现因专业间信息不同而容易发生冲突的问题，也有因设计上出现缺漏导致功能出现错误。在传统建筑工程设计中，项目的方案规划设计工作多数是由承包商提出要求，再经由专业的方案设计人员进行规划设计。在设计方案中，要根据项目的规划指标和规划条件，参照国家规范及行业规范等要求，进行充分的规划与设计。当规划设计完成后，承包商往往不重视对其审查，未经严格审查的设计方案一旦上报建设管理部门，获得了规划许可证等相关文件后，接下来就是正式投入施工。到这时若出现一些纰漏，将导致业主、承包商很难把控整个建筑工程的正常施工。但是，通过利用 BIM 技术相关的软件，可以为业主提供简要建筑模型，把规划设计方案清晰明了地呈现出来，以便找到其中的不足及时改正，且模型中的文字表述与指标分析都能清楚展现出来。借助参数化模型，我们还能直观地看到建筑的平面图、立面图及剖面图等。这项技术的实现在于将传统的纸质资料转换成 3D 模型图，并形成模拟动画，从而直观地展现该建筑建成后的效果，让项目建设参与者能在项目实施前就有了工程成型的效果图，便于更好地开展后续工作，从而制订出科学、合理的规划设计方案。

通过该方式，能够让众多参与方共同就其工程的实施进行有效沟通，发表自己的意见与建议，以不断完善该项目的规划设计。单栋建筑的设计方案主要包括初步设计、投资设计、技术设计和施工图设计四个方面。BIM 技术的主要应用阶段也就是设计阶段，在设计阶段中要充分利用 BIM 模型数据库进行建筑能耗分析。目前，BIM 技术在设计阶段的优势体现在如下几方面：第一，BIM 技术能够实现多个专业间的亲密协作，运行较灵活，可以轻松创建多种形式的标准横断面，利于施工图出图，提高施工图质量；第二，自动批量生成横断面图纸，计算出断面面积；第三，手工修改指定的特殊断面，解决复杂平面、立面、剖面的协调问题；第四，直观查看设计成果的三维效果图，可以进行火灾预演等；第五，对图形的修改实现了异形构件的参数化设计，减少了因变更信息而带来的麻烦。

BIM 技术通过技术手段，大大提高了施工方案设计水平，其优势主要包括提高效率、提高质量、降低成本及简化流程等。利用 BIM 三维技术能够进行碰撞检查与协同设计，这是 BIM 技术区别于传统设计方法的最大不同之处。通过 BIM 技术，可以使建筑工程设计得到大幅度的优化，减少建筑工程在后续施工、运营维护阶段可能出现的错误，同时也优化了管线排布方案，从而较好地解决传统二维设计下无法避免的错、漏等现象。

（三）BIM 的施工

近年来，随着经济的快速发展、工业化水平的不断提升，建筑工程项目呈现出综合性、复杂性的动态过程。这对建筑施工企业的施工管理方式提出了更高要求，科学的、高效的施工方案设计关乎整个工程项目的质量和施工进度。对于工程庞大、结构复杂、功能众多的建筑项目而言，施工单位之间的协调管理具有重要作用。实践证明，传统的横道图已经不能满足建筑施工管理中日益复杂的要求了。

BIM 技术能够有效地指导施工，在工程前期实现工程实施进度的预测，有效减少设计错误，消除施工过程中可能出现的种种风险，通过对比分析不同施工方案，实现虚拟环境下的施工周期确定，这是 BIM 技术的显著优势。指导施工的具体运用体现在 BIM 技术与现场施工管理的整合，即通过计算机中 BIM 技术创建的虚拟建筑与现场实际的施工管理相结合协同掌控现场施工，很好地解决了传统方式下施工管理过程中可能存在的技术问题。

第二节　建筑工程供应链信息协同管理

一、建筑供应链协同的基本特征

协同的最终目的在于能否达到"双赢"或"多赢"，由于建筑供应链管理及其运营过程的特殊性，建筑供应链协同与传统供应链协同有所不同，其过程更为复杂，具体特征如下：

（一）建筑供应链协同的影响因素较多且较为复杂

建筑供应链由不同参与主体构成，其在资金投入、费用分担、承担风险大小、组织文化、战略目标等方面均有不同，而这些因素对建筑供应链协同的效应起着关键作用，在研究建筑供应链协同的同时，还需要将这些因素考虑进去，并确定权重，然后综合评定结果进行量化分配。

（二）建筑供应链协同通过信息进行有效传递

业务之间的联系使得信息存在一定的依赖关系，各个节点信息的变更会对上下游企业产生一定的影响，并影响着传递效率。在协同状态下，使得一系列流程信息在整个供应链内部传递，高效、有序地流动和存储，避免出现信息孤岛等问题。

（三）建筑供应链协同是各参与主体之间共同协商的成果

由于建筑供应链协同的影响因素较多且实施较为复杂，因此在制定相应的规则、制度时，需要各参与主体之间进行沟通和协商，特别是总承包商与其他合作企业之间，其他单个参与主体可以提出相应的方案来实现其利益最大化。此外，在此过程中，需进行调整和修订，进一步对结果进行完善，从而使得合作方实现共赢。

二、建筑供应链协同形成机理

建筑供应链协同的形成来源于协同动力，协同动力又包含外部驱动力和内部拉动力。外部驱动力主要源于经济发展、政策制定、技术发展以及行业背景下企业间的合作与竞争等因素；内部拉动力主要源于企业为寻求自身发展而产生的动力。外部驱动力与社会环境的发展息息相关，体现为一种外在的、客观的、推动的驱动特征；内部驱动力与企业的生存和发展密切相关，体现为一种内在的、主观的、拉动的驱动特征。对建筑供应链协同而言，实现协同的关键在于供应链各主体共同对协同产生利益的追求，即企业的利益最大化。企业的协同动力能够激发其产生协同运作的动机与意愿，并将这种动机与意愿转化为企业协同运作与发展的行为，并将企业的发展与建筑供应链的发展融为一体。

三、建筑供应链协同的层次

建筑供应链协同层次可分为组织层、业务层和信息层。组织层协同是建筑供应链协同的根本和关键，为业务层协同和信息层协同提供有力的支撑。业务层是以建筑供应链协同管理的战略为中心的，进而保证业务层的一致性和连续性。信息层的根本是信息技术，为组织层协同和业务层协同提供技术支持。

（一）组织层协同

组织协同包括企业文化、信任、战略目标、组织结构、沟通以及合作伙伴关系的建立等。建筑供应链中各节点企业根据各自的组织文化、组织结构以及组织目标，并明确各自的分工和责任，实现各类资源和信息的整合。各节点企业拥有各自的文化，在这复杂的建筑供应链体系中，各节点企业会将各企业文化进行融合，从而创造出共同的价值观。各节点企业在企业长期目标、未来发展方向以及资源配置等方面管理的过程中，将各节点企业所拥有的资源、信息、技能和核心竞争力等在供应链中进行沟通、交流和共享，从而实现建筑供应链整体竞争力的提升。

（二）业务层协同

业务层协同主要包括立项、设计、招投标、施工、运输、存储及验收等各环节之间的协同。建筑供应链各节点企业拥有各自的业务流程，只有对各节点企业之间的业务流程进行协同，才能提高建筑供应链的运行效率。根据工程项目的建设需求，对企业内部进行流程的整合，供应链层次不仅仅局限于企业内部，还需围绕各企业间的合作，实现跨部门、跨企业间的业务协同。

（三）信息层协同

信息协同是建筑供应链系统达到协同的关键，建筑供应链运作过程中，任何一个环节都离不开信息共享和协同。因此，信息层的协同主要是借助 Internet 技术以及 BIM 技术，搭建信息共享平台，保证供应链上各成员间的信息集成、互通，使得供应链上各节点企业能够更快速、更准确地获得相关资源、信息，从而有效地降低成本、提高项目的效率。

四、建筑供应链协同影响因素分析

在协同过程中，会引发协同效应的产生，协同效应是在开放的系统中，大量子系统之间相互影响而产生的整体效应。协同效应分为协同正效应、协同负效应和协同无效应，其中，协同正效应是系统各要素之间相互作用，促使整体效应得以增值，协同正效应的存在是促进协同发展的原动力，具体表现为：资源利用率提高、系统运作效率提升、系统整体成本的节约等。因此，要想达到协同正效应，首先应确定协同的主要影响因素。

（一）外部影响因素

1. 经济全球化的发展

经济全球化又称经济的网络化，将全部社会经济活动纳入网络的运行轨道中，使得各企业间的经济联系更加紧密。全球化将新兴市场延伸到世界各地，并产生各种资源，这些资源由于距离、语音、时区、业务习惯等问题的出现而阻碍了原材料和信息的流动。因此，需要建筑供应链协同将其组织成为一个有机的系统，并在此系统中进行交流和传输。此外，国际工程总承包作为技术贸易、服务贸易与货物贸易的综合载体，对于我国"走出去"的经济发展战略有着重要的影响。工程总承包企业的主要竞争力体现在独创的工艺设计、设备采购以及对施工安装分包企业等一系列流程的协调管理上，其发展的重点之一在于融资能力的提升。经济全球化的发展使得国际总承包企业的活动范围越来越广，项目内容越来越复杂，单个企业已经无法承担日益重要且繁杂的工作，必须靠多个企业共同合作完成，这些都成为促进建筑供应链协同的有效动力。

2. 信息技术的发展

信息技术的快速发展，对于信息网络来说，不仅加速了信息的流动、降低了信息传输成本等，而且是网络经济发展的强大动力。对于建筑业而言，BIM 的出现，使得工程信息可以通过最快的速度实现多企业、多部门的即时传递，进而改变了传统的运营管理模式。这不仅为企业间的有效协作以及及时沟通提供了便捷方式，而且为建筑供应链协同的运作提供了有力的技术支持。建筑供应链是由多个子系统组成的复杂系统，要对项目进行有效的组织，必须通过良好的沟通，建筑过程中所有的工程活动都是根据信息开展的，要想信息在企业间能够进行快速的流动以及充分的共享，必须通过完善的 BIM 系统。因此，信息技术发展为建筑供应链协同运营提供了物质和技术基础。

3. 行业相关政策的完善

随着经济的全球化，建筑市场变得越来越复杂，企业的生存和发展压力逐渐增大，同时，市场的竞争也越来越激烈。BIM 技术的应用不仅能够实现跨部门及时传递，而且能够突破生产效率低以及资源浪费等问题。但是，BIM 技术在中国建筑业的发展比较缓慢，部分原因在于相关 BIM 标准、指南以及 BIM 合同示范文本都没有进行明确的界定和规范。政策和技术标准的引导和规范一直是促进建筑供应链协同的重要因素，在此情况下，政府部门起着关键的推动作用。政府应当带头联合相关行业协会，制定属于中国的建筑业行业标准和规范。因此，行业相关政策的完善是促进建筑供应链协同重要动力。

4. 企业间的合作与竞争

随着经济全球化的快速发展以及市场竞争的日益加剧，建筑企业间的合作显得越来越重要。传统企业间的主要关系为竞争关系，只考虑眼前利益，将追求利润最大化作为交易重点，这样就会出现各个企业为了赢得自身利益而牺牲其他企业利益的情况。此外，企业间的关系都是临时性的，双方对于彼此都不是特别信任，防备心很强，信息无法得到有效共享，导致交易成本和运营成本较高。针对以上问题，越来越多的人开始意识到合作的重要性，通过合作能够降低成本，使得收益达到最大化，逐渐从传统的竞争关系转变为合作关系。建筑供应链节点企业相互之间构成"命运共同体"，通过协同合作，发挥整体优势，能够真正提升竞争力以及适应市场的能力。

（二）内部影响因素

1. 合作伙伴关系因素

合作伙伴关系要求建筑供应链各节点企业能够从企业自身以及内部各个方面达成共识，相互信任、信息共享以及进行良好的沟通等，发挥资源的最大效用，从而促进各企业之间的合作。建筑供应链合作伙伴关系的主要影响因素有信任、承诺、信息共享程度、沟通协调、适应性及合作等，这些因素是构成建筑供应链合作伙伴关系的重要指标，对项目的运作起着重要的决定性作用。

2. 协同战略因素

协同战略是整个建筑供应链的导向系统，要求建筑供应链节点的合作企业拥有一个共同的目标，并且建筑供应链节点企业为了这个共同目标而努力，将自身的优势发挥到最大极限，提升整个建筑供应链的运作效能，从而获得潜在的利益以及较高的利润回报，实现利益最大化。组织文化、组织结构、企业间的竞争、协同激励、管理技能及决策制定等均影响着建筑供应链协同战略的运作效率。

3. 技术实施因素

先进技术的实施为建筑供应链协同提供了技术保障，Internet 技术的快速发展为先进技术的实施提供了环境，进而与建筑业相关的软件系统不断被开发及应用。例如，数据传输、数据转换及数据存储技术，这些为建筑供应链节点企业之间的交流和沟通带来了便利。此外，BIM 技术为建筑工程项目的参与者提供了及时、准确的信息，便于获取项目信息并对其进一步实施，进而促进建筑供应链各节点企业之间的协同工作。技术实施因素主要包括：BIM 软件功能的完善性、BIM 软件的兼容性、信息平台的建立以及参与者对 BIM 技术的态度、经验和适应能力等。

第三节　BIM 技术在建筑工程供应链协同管理中的应用

建设项目中存在不同的利益主体，如业主、设计方、总包商、分包商、供应商等，其在项目的建设过程中不同程度地掌握着项目的部分优势信息，并且最终通过建设项目的顺利执行获取各自的利益。为了保证项目的顺利进行，业主、设计方、总包商等需要全面而准确地掌握工程建设各阶段中相关的进度控制、投资收益、质量安全等信息。通过各利益主体之间对部分有效信息进行积极共享，能够实现其他方甚至整个项目工作量的减少，甚至对建设方案实现进一步优化，尽可能最大限度地体现该项目的建设价值。基于 BIM 的建筑供应链信息协同管理是为了通过对信息的有效协同管理带动相应的物流、资金流的有效运转，从而实现对建设项目的有效管理。施工阶段是建设项目的重要组成部分，也是信息管理最为复杂的部分。下面以施工阶段为例，分析基于 BIM 的建筑供应链信息协同管理。

一、我国施工阶段信息管理效率影响因素

在建设项目的施工阶段，信息要素收集整理仍处于对事务的一般管理和寻常的信息整理阶段，信息化标准规范还没有得到很好发展，基础信息系统的建立应用尚不成熟，对相关项目信息的协同管理仍存在一定困难。当前，我国施工现场仍旧依赖于二维 CAD 图纸设计来沟通，不同专业之间的沟通协调难度大。建设项目的各参与方基于利益诉求对投资和支出进行严格把控，在信息共享上不愿投入过多成本。且施工阶段参与方众多、资源流动大，项目建设各参与方之间彼此存在利益冲突，对信息的共享存在保留，建设过程相对于其他建设阶段更为复杂，不仅是项目本身的建设信息和组织信息，现场物料的采购、物流、运输、仓储信息也交织其中，现有的项目管理信息系统还无法完全满足需求，信息的共享操作能力差。

二、运用 BIM 技术实现施工动态管理

（一）BIM 进度管理

建设项目具有建设周期长、参与方众多、建设风险大的特点，在项目建设过程中施工企业往往通过加快建设进度、压缩建设成本等方式来满足项目的利益追求，反而忽略了这种急功近利的管理方式对项目建设质量的影响，从而导致项目实际的建设效果受到影响。在建设项目的施工阶段，需要进行大量的人工和机械设备的投入，大量的建筑物料需要进行生产、供应、运输、仓储的工作。项目建设的有效运行有赖于现场的人员、材料、机械等要素的统一协调，可以说，建设项目施工阶段的管理是一个要素复杂且难度大的过程。基于 BIM 技术的项目进度管控是在以在保障项目的建设质量的先决条件下，在项目的建设周期和建设成本之间取得最优均衡的过程。在项目的进度控制中，BIM 在具有几何、类型、材料、工程量等其他属性的 4D 模型基础上进一步导入施工节点控制的 4D 模型技术来对各项施工计划任务及实际开始时间与结束时间的信息进行施工流程模拟，检查施工进度节点计划是否安

排合理，以此对项目进度计划进行调整。BIM 可以对项目建设过程进行虚拟模拟，将建设模型清晰地展现给相关的施工方与管理方，使其对项目的具体信息和详细的进度计划有着更为直观的了解，能够更深层次地解读建设意图与建设方案，减少因信息传递不畅或失误而造成的问题，从而在有效保障建设项目质量的条件下促进建设进度。

(二) BIM 质量安全管理

建设项目具有建设规模大、组织构成复杂、需要众多相关方共同建设的特点，这些都导致项目建设过程中的质量控制节点过于分散、质量影响因素众多。由于项目管理者对项目的进度和成本的过度追求，使得在建设项目的质量管理中容易产生薄弱环节，为今后因质量问题产生的纠纷和冲突埋下隐患。为了保障项目施工阶段质量管理的有效进行，需要有效地协调施工组织运行、对参与施工的人员展开有效调配，对所有的资源展开有效优化利用。在建设项目质量控制中，施工企业通过 BIM 技术建立 4D 信息模型，对施工阶段的施工顺序、施工组织进行有效的模拟和展示，通过模拟对施工中有可能的冲突和阻碍进行预测，对施工中的质量控制的关键点进行把控，减少事后返工情况的出现。在施工阶段，项目的各相关方需要对设计采购阶段的质量进行监督，确保各项工序和设备材料的质量，及时与设计方和供应商进行信息交换和协同工作，且在施工过程中，施工人员实时根据施工中遇见的质量问题对 BIM 信息模型进行调整，促使其他相关方可以及时对问题进行追踪和管理，实现质量管理的动态过程控制，将整个项目实施阶段的各利益方信息进行有效的整合和利用，降低工程成本、减少质量冲突，有效提高项目的建设质量。

(三) BIM 成本管理

项目施工阶段的成本管理，就是在保障施工质量和施工安全的前提下对施工过程中的人、材、机的费用及措施费用等成本资源进行有效管控。由于建设项目的施工过程是一个动态变化的过程，施工前无法准确预测所有的突发事件、施工中发生变更不可避免，其间施工工序繁多且现场人员流动较大，现场人员管理、物资采购、运输管理较为混乱。在成本管控上，通过借助 BIM 技术的工程 5D 数据模型，将与成本数据相关的时间、空间、工序维度连接在一起能够准确、高效地对模型中的所有构件进行计算并生成计算书。通过汇总数据库中的人、材、机等价格方面的信息，对项目建设中的任何时间节点、任一部分的工程造价进行有效分析，以此制定建设项目的进度、资金计划，合理调配资源，指导项目的施工成本。同时，建立精细的 BIM 模型，对项目所需要的材料进行全透明统计和整理，结合材料管理中的计划和采购信息进行有效整合，提高建设物料使用的准确性和及时性，保障材料质量，最大限度减少材料的浪费和过度消耗，从而降低项目实施成本，保障施工质量，进而为工程项目的管理提供可靠依据。

三、基于合作伙伴关系的分包商选择

合作伙伴关系的有效建立及协同合作是建筑供应链组织管理的焦点所在，是整个供应链顺利运行的基础，合作伙伴关系可以促使项目的各参与方在共同的建设目标和整体利益的追求下通过积极交流消除信息之间的不对称，基于长期合作不断磨合从而彼此之间建立信任关系，减少不必要的工作流程，降低和消除逆向选择和道德风险，实现更加紧密的合作。项目施工分包商是我国建设项目的实际建设者，在传统的项目管控模式中，承包商和总包商的关系属于建立在风险转移目标上的交易性质，彼此存在态度敌对和利益冲突，极大地影响了项目的建设效率。而且在项目的实际建设运营过程中，业主、总包商、分包商之间的关系通常都是两两相对的，业主同总包商及其他的项目参与方之间建立密切的合作关系，而总包商直接为分包商的所有建设活动负责，分包商又直接为总包商提供服务，业主与分包商之间并没有实质上的联系，所以当项目的分包商在项目的施工过程中出现违约情况时，即便总包商可以依据分包合同对相关分包商进行违约惩罚，也很难对项目建设进度损失和经济损失做出有效赔偿，并且这种情况的发生会在很大程度上造成业主对总包商的信任度降低，影响双方的协同合作关系。为了有效规避此类问题，从保障项目建设需要的角度出发，应将建设项目实施过程中的所有关键参与方尤其是分包商，通过合作伙伴关系连接为一个整体并建立相应的激励和约束机制，保障其在项目建设过程中的通力合作。

建设项目合作伙伴关系的核心之一就是对合作伙伴关系的选择和评价，建筑总分包企业应根据建设项目的实际建设目标和实际条件对分包企业进行选择，按照技术资源的互补性、风险分担意识、以往的业绩、公司运营情况、设计优化能力、有效的沟通与信息共享、价格优势、与其他合作伙伴的协作能力等对备选分包企业进行综合、有效的考察及比选和评价。对于建设项目总包企业来讲，施工合作单位能力的优劣直接关系到项目在质量、进度、安全方面的完成效率和效果。建筑供应链上总包商在对基于合作伙伴关系的分包商企业进行优选时必须保障其评价标准和评估方法的客观性、公正性，通过对分包商的资质水平、商业信誉、财务状况、技术能力的审查，对分包商履行合同的能力、诚信状况、资产、收益、技术团队、从业资格、设备使用情况及相应类似工程的承接率等对建设项目进行有效评级，最终使得建设项目总包企业能够客观、公正、有效地选出最佳的分包企业。

建设项目总包企业应在得到业主方的支持和信任的条件下，从组织内部与供应链上项目施工相关方密切合作的部门抽调人员，建立相应的评价小组，对候选的分包单位进行有效评估。评价分包企业时，应对每个潜在合作关系的分包企业的信息进行全面搜集和整理，在此基础上按照系统、独立、实际、灵活的特点，运用合适的方法和工具，对潜在分包企业的投标报价、技术方案、管理方法、资质等级、创新能力、技能团队、资本投入、获奖情况、市场口碑、项目经验及协作意识等进行分析和优选，按照指定的评估标准，做出客观、公正的评判，从而遴选出合格的分包商，开始进行建筑项目供应链合作伙伴关系的建立。

因为建设项目存在建设规模大、周期长、参与方众多的特点，当建筑供应链上的总包企业、分包企业开始实施合作伙伴关系及施工阶段供应链运作过程中，还应制定相应的机制来保障合作伙伴关系的顺利实施。首先，为了有效促进总包商和分包商之间的长期合作，应建立有效的奖励机制，业主应许可分包商在项目前期就介入工作、制定利润分享激励手段，促使其更加注重项目的共同利益，总包商在分包商的施工过程中合理制定一系列标准对分包商给予帮助，定期与分包商进行沟通，对项目的计划、任务、信息进行有效交换，紧密联系工程项目、积极合作，对风险进行可行的掌控和承担，实现长期共赢。其次，制定约束机制，针对项目建设中参与方之间整体利益之外个体利益诉求的冲突，制定相应的冲突解决机制，对机会主义行为进行严惩、提高失信成本、制定经济处罚制度，对不合作的参与方以强化合作意识填补协作约束的不完善。这样就能保证建筑供应链良好运行，为使建筑供应链管控过程中项目的整体利益的实现得到有效保障。

在供应链合作伙伴关系实施后，应依据施工阶段业主、总包商、分包商在合作伙伴关系维系的整个过程和该合作伙伴为供应链的整体效益所做出的贡献进行评价，通过实施后评价对合作中的经验进行有效认识和总结，并对其中所发生的问题及解决方法进行整合归纳，判断合作伙伴基于供应链合作意图有无发生改变，为下一次的最优选取建立长效合作机制打下良好基础。

四、建立配套的采购物流服务

由于建筑类产品的一次性、单件性、建设现场比较固定的特性，建筑供应链具备稳定性较差、影响因素较多、生产比较集中的特点。在项目实施过程中的影响因素众多，当进入建设项目施工阶段项目发生变更时，相关部门都要对原本计划进行适当修改，物料的供需也会受到影响。当已有的物料供应商不再满足项目的建设要求和进度需求时，物料管理者应考虑对已有供应商进行更换。此时，工程项目面临的就是停工及成本增加的问题。虽然各建筑企业相关管理者都在努力避免出现上述现象，但工程中的不稳定因素很多，在建筑行业供应链运行中的各个环节，如供应、运输、存储、需求、信任、沟通等环节都有可能产生错误的产品、错误的数量，在错误的条件下、错误的地点、错误的时间，以错误的成本、交付错误的承包方的任一情况，所以不能否定其出现的任何可能性。

通过对项目工程中物料管理的分析，项目工程的物料管理应该有一套行之有效的管控措施，全程控制和管理物料，避免因物料管理不善而造成建筑供应链上各成员企业之间的损失，力图物尽其用。

（一）有效的物料供应商评估机制

在工程项目的实际建设过程中出现物料问题时，管理者先应对问题产生原因进行分析并及时对库存进行清点，制订相应补救计划。然后及时联络可靠的备选物料供应商寻求替补货源，并制定相应的评判系统对备选货源进行评定，根据所需物料的标准选定相近或相同的备选货源。

首先，在建筑供应链管控过程中应充分掌握供应商的相关信息，合格的供应商应能提供所需产品的必备技术、产品品质的必要保障、实时准确的生产能力、运输成本的下降、良好的售后服务及质量控制体系等给需求方。其次，建立有效的供应商评估标准，对物料供应商供给产品和服务的能力进行有效评估，及时了解供应商所提供的产品情况。最后，依据综合评估的结果遴选合格的供应商。同时，还应制定必要的应急措施和调整战略，将评估体系中的其他顺位的供应商作为补选，并与之建立联系，以备当前供应商不能满足需求时，及时从候选供应商中进行选择。

（二）保持通畅的信息沟通

在建筑供应链管理过程中依靠信息沟通对双方进行有效连接，在对合格供应商做出选定后应积极与供应商进行沟通，通过彼此之间的信息沟通共享使得供需双方能够对工程项目的进度情况进行准确掌握，由于供应链上建设项目的各参与方之间的工作区域与工作方式的差异往往会造成信息沟通的不畅，这就需要各相关方运用各种方式及时地对信息进行沟通，避免因信息不对称造成工期延误、成本增加等问题。承包方对供应商的相关信息进行有效的掌握，就能够及时根据供应商反馈的信息对自身工程项目的实际情况做出合理调整。对于供应商来讲，增加了对工程项目信息的进度信息掌握，就能根据项目进度及时调整物料的生产进度及供货计划，有效避免双方在物料采购时出现的冲突，有利于双方风险的有效规避及采购、供应成本的降低，实现双方利益的均衡最大化。

（三）有效管理库存

对库存进行有效管理是保障建设工程项目物料管理有效实现的核心，库存所带来的效益是隐性和长远的，短时间内不能为相关参与方带来可观的经济效益，反而需要相关参与方投入大量的场地、人员、资金来进行物资的储存成本投入，所以需要制定有效的库存控制管理。同样，库存又是工程项目管理的重要构成之一，对保证常规的生产秩序作用显著。对生产成本的有效把控是库存管理的目标之一，也是影响库存控制决策的决定性因素。承包方要对库存情况及时准确地进行掌握，根据工程项目的进度计划保持合理的库存仓储水平，同时要制定相应的对应突发事件的应对机制，根据项目前期对环境、市场及相似项目经验等信息的有效搜集和整合，对工程可能出现的各种情况进行全面地分析，保障库存的物料既能满足工程实际使用需求，又有足够的储备物料应对突发事件的发生。

（四）建立基于 BIM 的物料管理体系

1. 场地模拟与运输线路优化

建设项目的一大特点是现场施工，在项目的全寿命周期内，供应链上的各参与方始终在此范围内活动，物料的短期流转和最终使用也是在现场进行。因此，物料的运输路线依据场地的实际情况而制定，运输路线设置是否合理直接关系到项目的进度情况以及是否需要二次运输。建设项目的物料需求大，材料种类繁多，且具有实体性，建设项目的施工现场实际情况也各不相同。基于 BIM 技术前期对于场地周围环境的调研，生成 3D 地形基础模型，并对场地周围环境进行分析，通过环境模拟分析，结合路径优化算法，生成适用于现场地形环境的虚拟运输路线，并对物料设备的摆放位置和方法做出优化，为建设项目施工中的物料有效使用提供良好开端。

2. 制订准确的采购计划与物流成本监控

在项目的建设过程中，除了部分特定的物料需要由业主或出于核心技术、商业机密等特殊原因考虑需要专门的物料供应商提供之外，建设项目的大部分物料和设备都需要由承包商或施工方自行按照项目合同要求进行采购，并且物料采购的数量大多是依照建筑企业预算人员根据施工图纸的工程量计算结果来确定。但这往往受制于预算人员的素质水平高低，且供应链上建筑项目不同阶段参与方众多，由于双方计算误差或后期变更没有及时进行沟通而造成的成本损失难以避免。BIM 模型可直接进行统计生成工程量清单，缩短统计时间的同时减少误差。BIM 采用虚拟的建筑信息模型能多方联动，项目建设过程中任一参与方出现变更，都能够对三维模型进行实时的关联性修改，其他各相关方的视图及明细表也会随之及时更新，采购部门可直接按照实时清单进行采购计划的制订。通过BIM技术对施工进程中的某些重要阶段的节点进行有效模拟，通过对其中节点物料采购成本的虚拟计算并导入特定数据库进行输出，能够有效帮助建筑企业物料采购部门在制定合理的采购时间和采购数量的同时确定仓储、运输、装卸的物流活动成本，通过对物流成本进行有效监控和调整，对计划成本与实际成本之间的差异进行实时调整，从而有效促进成本管理水平的提高。

3. 建立科学长效的合作机制

建筑业传统的采购管理模式中往往会预先根据项目的特点及施工进程的需要来对建设物资进行采购，建设项目实际采购受其本身的建设周期长、影响因素多、参与方众多等特点制约，使得建设项目的物料采购具有明显的无计划性及波动性。建筑企业为了有效保障项目施工过程中物料的充足供应，常常在项目实际施工开始前就购买大量的物料进行囤积，这就造成了施工过程中出现场地占用及人员、物流、仓储成本的增加，并且材料的无形消耗也造成了一定的成本损失。基于BIM技术的实时建造信息模型，能够依据项目的进度信息生成相应的材料采购与资金供应计划，并在施工开始前与预先选定的供应商进行及时的交流与合同的签订，有效规避因材料和资金滞后而对项目建设进程产生的不利影响。BIM模型可以实现对细节表述的高度精准，采购部门可依据BIM的设计模型中的构件设计确定相应的质量标准和采购计划，能有效确立构件的标准化定制与采购，从而降低库存，提升采购效率；通过BIM模型对物料采购，计划、物流配送运输、库存仓储数量、货物存放地点的优化组合，能够有效提升采购质量。降低物流和仓储成本，优化各成员企业之间合作机制，对建筑企业经济效益的提高起到举足轻重的作用。

4. 建立有效资源管理平台

运用BIM技术在基本信息模型的基础上加入项目的资源信息，如工程构件的建立、对资源模板的定义、对材料属性的定义等能够对建设项目进行有效的施工动态管理。施工资源动态模拟包含对资源使用计划的有效管理以及对在整个施工过程乃至前期的采购、后期的运营阶段的所有资源的使用、库存、损耗等动态变化的监督与查询，通过对项目施工阶段的工作分解制订重要的计划，通过WBS对各项施工资源计划用量进行合理规划，对大型机械的进场时间、人员调配及施工物料的采购进行合理的安排，并根据其他信息的调整如设计发生变更、施工进度计划调整等进行及时的修改。BIM为建设项目的施工成本提供预算用量、实际用量及材料实际消耗用量的对比分析，并在建设物料使用超量时发出警报，提醒项目管理人员及时进行改正，减少因计划外的器械调用和采购造成物流成本的增加。BIM的核心理念是信息共享，其包括建设项目全生命周期内各阶段各参与方之间的所有项目相关信息。

BIM 的数据库是基于建设项目的智能化、参数化的数据中心，BIM 数据库对项目建设中所有的数据、资源、过程信息进行储存，尤其是对保障项目实施的进度、投资、质量等繁杂且动态变化大的信息数据能够及时进行汇总，便于建设项目的各参与方及时进行查询，提高信息的使用效率，降低信息不对称成本，实现建设项目各参与方之间信息高效、顺畅的流转，在保障项目质量的前提下有效提升项目的建设效率，提高项目收益。BIM 技术使得建筑供应链中的信息交换不再仅仅局限于供应链上下游成员之间，而是供应链上建设项目的所有相关方之间都可以进行设计、施工、运营等信息的交流共享，通过基于 BIM 的信息平台对信息进行协同管理，保障信息及时准确地进行流转，带动项目的资金流和物流有效运转，提升项目的建设效率。

第五章　现代智慧工地的建设与设计

第一节　智慧工地的内涵及意义

一、智慧工地的概念

（一）智慧工地的定义

智慧工地是智慧城市理念在建筑施工领域应用的具体体现，是一种崭新的工程全生命周期管理理念，是建筑业信息化与工业化融合的有效载体，是建立在高度信息化基础上的一种支持对人和事物全面感知、施工技术全面智能、工作互通互联、信息协同共享、决策科学分析、风险智慧预控的新型施工管理手段。它运用信息化手段，通过三维设计平台对工程项目进行精确设计和施工模拟；它聚焦工程施工现场，围绕施工过程管理，建立互联协同、智能生产、科学管理的施工项目信息化生态圈，紧紧围绕人、机、料、法、环等关键要素，综合运用建筑信息模型（Building Information Modeling，BIM）、物联网、云计算、大数据、移动计算和智能设备等软硬件信息技术，与施工生产过程相融合，提供过程趋势预测及专家预案，实现工地施工的数字化、精细化、智慧化生产和管理，从而逐步实现绿色建造和生态建造。

智慧工地将人工智能、精密传感技术、移动互联网、虚拟现实等高科技技术植入建筑、机械、人员穿戴设备、场地进出口设备等各类物体中，并且被普遍互联，形成"物联网"，再与"互联网"整合在一起，实现工程管理干系人与工程施工现场的整合。目前，典型的应用就是借助物联网传感器来感知设备的运行状况和施工人员的安全行为，利用智能机具来增强施工人员的技能等，起到降低事故发生频率、杜绝各种违规操作和不文明施工行为、提高建筑工程质量的作用。智慧工地也可以进一步借助人工智能技术的应用，采用智能建筑机器人和智能化系统来替代人，帮助完成以前无法完成或风险很大的工作，如智能砌砖机器人、超高层焊接机器人、智能拼装机器人等。例如，吊钩视频监控系统能够实时地检测、查看吊钩的运行轨迹，替代了传统的地面指挥人员，从而防止意外伤害事故的发生。随着人工智能技术的进一步发展，智慧工地将具备"类人"的思考能力，大部分替代人在建筑生产过程和管理过程的角色，由信息管理平台来指挥和管理智能机具、设备完成建筑的整个建造过程，人转变为监管的角色，从而实现建造方式的彻底转变。

(二) 智慧工地的特征

智慧工地的最突出特征是智慧。目前，工程建设的规模不断扩大，施工现场环境错综复杂，这对信息化的实施和应用都提出了新的要求。工地本身不具有智慧，工地的运作是依赖于人的智慧。"工地＋信息化技术"能够减少工地对人的依赖，使工地拥有智慧。智慧工地立足于云计算、大数据和物联网等技术手段，聚焦于现场人、机、料、法、环五大要素的管理，针对所收集的信息特点，结合不同的需求，构建信息化的施工现场一体化管理解决方案。通过一系列小而精且实用的专业应用系统来解决施工现场不同业务问题，降低施工现场一线人员的工作强度，提高工作效率。这些系统业务范围涵盖施工策划、现场人员管理、机械设备管理、物料管理、成本管理、进度管理、质量安全管理、绿色施工管理和项目协同等单元，从这些角度来讲，智慧工地主要具有以下 4 个特征：

1. 聚焦施工现场生产一线，保证数据的准确性、实时性、真实性和有效性

数据是管理的基础，传统企业信息化的实施聚焦管理流程，是填报式的信息化模式。单纯靠人员现场手工记录，往往造成数据失真、延迟和不一致性，效率也非常低，无法真正提高施工现场监管能力。因此，智慧工地将信息化技术，如射频识别（Radio Frequency Identification，RFID）、传感器、图像采集等智能化技术应用于施工现场关键环节，实现施工过程的智能感知、实时监控和数据采集。通过物联网网关协议与各管理系统集成，实现现场数据的及时获取和共享，解决了以前通过人工录入带来的信息滞后和不准确的问题，提高了现场交互的高效性和灵活性，真正解决现场的实际问题。例如，针对物料管理与控制方面的物联网应用，可以对现场物料的使用、存放的信息进行有效的监控和管理，对施工过程中的物料运输、进出详情、材料计划清单、物料进场进度都可以通过智能地磅系统进行跟踪和监控。在劳务管理上，将一卡通、人脸识别、红外线或智能安全帽等新技术应用到考勤、进出场、安全教育等业务活动中，实现对现场劳务人员的透明、安全和实时管理。

2. 应用软件碎片化，不再通过一个大而全的系统或平台来解决所有问题

国内智慧工地行业软件主要细分为计价软件、算量软件、管理类软件和其他智慧工地软件及系统。每个管理单元都拥有一个或多个智慧工地的信息化系统，它们分别满足业务单元中不同的管理问题。碎片化应用软件就是要保证特定工作给特定岗位去做，将底层软件的数据形成、处理与数据运用、决策拆分开，最底层应用软件应按标准化配置，将产生的数据在云端整合，提供给管理者决策，避免从上而下

直线式应用的死板和低效。各个项目有各自不同的特点，管理的重点也不同。企业分等级、分项目去管理，而不是盲目按照同一个模式去生产、管理。例如，人员管理系统拥有劳务实名制、一卡通、即时通信、智能分析等系统，这些小的系统共同推动了相应业务单元的管理水平和能力的提高。

3. 现场人员能够实时沟通与协同工作，提高现场基于数据的协同工作能力

施工项目的工地管理人员多是在现场作业，但工地现场的环境非常复杂，容易出现反馈问题的重复、安全问题的延误和重复处理、工作前后交接出现脱节等现象。解决这些问题的核心，一是在现场数据的采集方面充分利用图像识别、定位跟踪、移动终端等技术手段，实时获取现场的数据，并能通过云端进行多方共享，保证信息传递的及时性和准确性，如通过手机登录移动终端设备上的专业 App 软件、集成云平台和物联网终端，实现随时随地的信息共享和沟通协同；二是在信息的共享方面，按照现场业务管理的逻辑，打破数据之间的互联互通，形成横向业务之间、纵向管理层之间的数据交互关系，避免出现信息孤岛和数据死角。现在，很多工地存在信息孤岛问题，即信息不共享互换、功能不关联互助、信息与业务流程和应用相互脱节，而智慧工地能够解决这些问题。

4. 追求数据的分析与预测能力，提高领导智慧化决策和过程预测能力

智慧工地基于之前记录下来的各种数据并对其进行深入分析研究，发现其中的规律特征，从而对建筑行业进行系统优化，使其拥有更广阔的未来。基于此，智慧工地应建立数据收集、整理、分析、展示的机制，对现场采集到的大量工程数据进行数据关联性分析，形成知识库，并利用这些知识进行判断、联想、决策，提供管理过程趋势预测及专家预案，及时为各个管理层级提供科学决策辅助支持，并通过智慧的预测能力对管理过程及时发出预警和响应，实现工地现场智慧管理。例如，智慧工地可通过对数据的分析，预测施工机械的疲劳值、人员流动趋势，甚至可以预测建设期对环境的影响。智慧工地现场网络视频监控系统可以实现大数据技术和视频监控的结合。通过将场景中背景和前景目标分离，进而探测、提取、跟踪在场景内出现的目标并进行行为识别，遇到可疑视像会及时记录；后端则采用云存储系统，利用智能视频分析技术对视频数据进行存储、二次深度分析、预测判断，从而为建筑行业视频监控提供了从前端、平台到后端的闭环应用。

二、智慧工地建设的意义

建筑业是一个安全事故多发的高危行业。如何加强施工现场安全管理、降低事故发生频率、杜绝各种违规操作和不文明施工、提高建筑工程质量，是摆在我们面前的难题。智慧工地的建设就是利用信息化手段着力解决当前工地现场管理的突出

问题，围绕现场人员、机械、材料等重要资源的管理，构建一个实时高效的远程智能监管平台，有效地将人员监控、位置定位、工作考勤、应急预案、物资管理等资源进行整合。项目管理的深度决定了企业生存与业务开展，也影响着整个行业的发展，而工地现场是项目顺利实施的重要环节，也是信息化落地的最后"一公里"。因此，打造智慧工地，助力每个工程项目顺利完工，对企业及行业发展有着重要的意义。智慧工地建设的意义主要表现在以下三个方面：

(一) 有效提高施工现场工作效率

现场人员、机械、材料的配置及场地环境因素等都将影响人员的工作效率，而人员工作效率对工程的质量、进度、成本起着举足轻重的作用。智慧工地通过先进技术的综合应用，让施工现场感知更透彻、互通互联更全面、智能化更深化，大大提高现场作业人员的工作效率。首先，智慧工地可以提高施工组织策划的合理性，通过 BIM 技术实现施工组织模拟，优化施工进度，合理安排工序的流水作业，保证每个施工人员工作量均衡，避免出现人员限制或超负荷工作等影响整体效率的不良状况。其次，可以合理优化资源配置，智慧工地的应用可以实现现场材料、设备和场地布置等的有序管理，保证机械设备、材料场地布置的合理调配。例如，通过智能地磅系统对进出运输车辆进行拍照及称重统计，实时录入材料进出详情，对比材料计划清单，实时掌握工地物料的进场进度、质量溯源等信息。最后，智慧工地可以提高现场人员的沟通效率，通过移动终端和云平台实现随时随地的沟通，并可通过视频会议、巡检日志及整改跟踪来共同解决现场问题。

(二) 有效增强项目现场生产的综合管控能力

智慧工地采用计算机与物联网应用相结合的技术，通过 RFID 数据采集技术、无线通信网络技术及视频监控技术等手段，实现对现场施工人员、设备、物资的实时定位，有效获取人员、机械设备、物资的位置信息、时间信息、轨迹信息等，提高应急响应速度和事件的处置速度；形成人管、技管、物管、联管、安管"五管合一"的立体化管控格局，变被动式管理为主动式智能化管理，有助于完成施工现场人、机、料、法、环各关键要素实时、全面、智能的监控和管理，有效提高施工现场的管理水平和管理效率。同时，通过与 BIM 系统的整合，实现项目资源信息与基础空间数据的结合，构造一个信息共享的、集成的、综合的工地管理和决策支持平台，实现经济效益和社会效益的最大化；有效支持现场作业人员、项目管理者、企业管理者各层协同和管理工作，提高对施工质量、安全、资金成本和进度的控制程度，减少浪费，有效加强对工程项目的精益化管理，保证工程项目成功。

（三）有效提升行业监管和服务能力

通过智慧工地的应用，建立基于 BIM、物联网、移动通信等技术的工程质量、安全监管平台，及时发现安全隐患，规范质量检查、检测行为，保障工程质量，实现质量溯源和劳务实名制管理；促进诚信大数据的建立，有效支撑行业主管部门对工程现场的质量、安全、人员和诚信的监管和服务。

总之，智慧工地是建筑施工行业转型升级的关键支撑，可使现场人员工作更智能化，可使项目管理更精细化，可使项目参建者更协作化，可使建筑产业链更扁平化，可使行业监管与服务更高效化，可使建筑业发展更现代化。

第二节　智慧工地的技术支撑

一、BIM 技术

BIM 技术是信息技术应用于建筑施工行业最为重要的技术之一，它的出现和应用将为建筑施工行业的发展带来革命性的变化。2004 年，BIM 理念进入我国后，BIM 技术应用从试点研究发展到标准制定，并开始在装配、工业及平面布置图、机电等行业逐步推广应用。BIM 全称是"建筑信息模型"，这项技术被称为"革命性"的技术，它是以建筑工程项目的各项相关信息数据为基础，建立三维的建筑模型，通过数字信息仿真模拟建筑物所具有的真实信息。它具有信息完备性、信息关联性、信息一致性、可视化、协调性、模拟性、优化性和可出图性八大特点。它不是简单地将数字信息进行集成，而是对数字信息的应用，并可以用于设计、建造、管理的数字化方法。建筑信息模型包含了不同专业的所有信息、功能要求和性能，把一个工程项目的所有信息（包括设计过程、施工过程、运营管理过程的信息）全部整合到一个建筑模型中。BIM 技术应用的最大价值就在于打通建筑的全生命周期，实现在建设项目全生命周期内提高工作效率和质量以及减少错误和风险的目标。BIM 是一个由二维模型到三维模型的转变过程，也是从传统施工中被动"遇到问题，解决问题"到主动"发现问题，解决问题"的一个转变过程。所以，BIM 的应用对智慧工地建设显得尤为重要。

目前，BIM 技术已经被广泛应用于施工现场管理中。在工地建设初期的施工策划方面，采用 BIM 技术可以进行施工模拟，分析施工组织、施工方案的合理性和可行性，排除可能出现的问题。例如，采用 BIM 技术生成可视化的三维设计模型，对二维的空间结构及复杂节点进行综合设计，在前期进行碰撞检查，直观解决空间关系冲突，优化工程设计，减少在建筑施工阶段可能存在的错误和返工，大大节约人力成本，提高工作效率，而且优化净空和管线排布方案。最后，施工人员可以利用碰撞优化后的方案，进行施工交底、施工模拟，提高施工质量，同时也提高了与业主沟通的能力。在施工过程中，通过传感器、射频识别（RFID）、二维码等物联网技术，随时随地获取工地现场信息，将成本、进度等信息要素与模型集成，帮助管理人员实现施工全过程的成本、进度和质量的数字化管控。三维可视化功能再加上时间维度，可以进行进度模拟施工。随时随地、直观、快速地将施工计划与实际进展进行对比，同时进行有效协同，项目参建方能对工程项目的各种问题和情况了如指掌，从而减少建筑质量问题、安全问题，减少返工和整改。利用 BIM 技术进行协同，可更加高效地进行信息交互，加快反馈和决策后传达的周转效率。在竣工交付环节，所有图纸、设备清单、施工期间的文档都可以基于 BIM 模型统一管理，实现可视化的施工资料和文档管理，为今后建筑物的运维管理提供了数据支撑。

二、物联网技术

物联网，顾名思义就是物物相联的互联网。它是通过射频识别设备、红外感应器、全球定位系统、激光扫描器等信息传感设备，严格按照约定的协议将其中各项要素、物品进行连接，在互联网云计算运用环境下实现最终的信息交换、资源共享及数字化通信，以实现对物品的安防监控识别、定位、跟踪、监控和管理的一种网络。其用户端可延伸和扩展到任何物品与物品之间，包括智能化识别系统、跟踪定位系统、操作管理与视频监控系统等。物联网技术使建筑施工管理变得智能化、信息化。概括来讲，通过安装在建筑施工作业现场的各类传感装置，构建智能监控和监管体系，就能有效弥补传统方法和技术在监管中的缺陷，实现对人、机、料、法、环的全方位实时监控，变被动"监督"为主动"监控"。因此，物联网技术是智慧工地应用的核心技术之一。

物联网技术有三个关键特征。一是各类终端实现"全面感知"。即利用无线射频识别设备、传感器、定位器和二维码等随时随地对人员、机械和材料等进行信息采集和获取，感知包括传感器的信息采集、协同处理、智能组网，甚至信息服务，以达到控制、指挥的目的。二是利用通信网、互联网等融合实现对信息的"可靠传输"。即通过各种电信网络和因特网融合，对接收到的感知信息进行实时远程传送，实现信息的交互和共享，并进行各种有效的处理。在这一过程中，通常需要用到现有的电信网络，包括无线和有线网络。由于传感器网络是一个局部的无线网，因而无线移动通信网、4G 网络及 5G 网络都是作为承载物联网的一个有力支撑。三是利用云计算等技术对海量数据"智能处理"。即利用云计算、模式识别等各种智能计算技术，对随时接收的跨地域、跨行业、跨部门的海量数据和信息进行分析处理，提升对物理世界、经济社会各种活动和变化的洞察力，实现智能化的决策和控制。

与物联网的三个特征对应，物联网从架构上分为三层，底层是用来感知数据的感知层，第二层是数据传输的网络层，最上层是应用层。感知层包括传感器等数据采集设备，包括数据接入网关之前的传感器网络。感知层是物联网发展和应用的基础，RFID技术、条形码和二维码技术、传感和控制技术、短距离无线通信技术是感知层涉及的主要技术。感知层是实现物联网全面感知的核心，是物联网中包括关键技术方面、标准化方面、产业化方面亟待突破的部分，其关键在于具备更精确、更全面的感知能力，并解决低功耗、小型化和低成本的问题。物联网的网络层建立在现有的移动通信网和互联网的基础上，网络层中的感知数据管理与处理技术是实现以数据为中心的物联网的核心技术，其包括数据的存储、查询、分析、挖掘、理解及基于感知数据决策和行为的理论和技术。云计算平台作为海量感知数据的存储、分析平台，将是物联网网络层的重要组成部分。物联网的应用层提供丰富的基于物联网的应用，是物联网发展的根本目标，将物联网技术与行业信息化需求相结合，实现广泛智能化应用的解决方案实施，其关键在于行业融合、信息资源的开发利用、低成本高质量的解决方案、信息安全的保障以及有效的商业模式的开发。利用经过分析处理的感知数据为用户提供丰富的特定服务，可分为监控型（如物流监控、污染监控）、查询型（如智能检索、远程抄表）、控制型（如智能交通、智能家居、路灯控制）、扫描型（如手机钱包、高速公路不停车收费）等。应用层是物联网发展的目的，软件开发、智能控制技术将会为用户提供丰富多彩的物联网应用。

物联网技术是多项技术的总称。从技术特征和应用范围来讲，物联网技术可以分为自动识别技术、定位跟踪技术、图像采集技术和无线传感器网络技术。

（一）自动识别技术

物联网中的自动识别技术在智慧工地中应用广泛，主要包括条形码和二维码技术、RFID技术和其他识别技术。

在施工现场，条形码技术主要被应用于建筑材料和机械设备的管理，通过移动终端设备扫描，实时获取管理数据，完成从材料计划、采购、运输、库存的全过程跟踪，实现材料精细化管理。伴随着移动互联网的快速发展，二维码技术由于其快捷、方便的特性，被广泛应用于建筑施工行业，包括建筑施工设备巡检二维码、配电箱巡检二维码、施工安全巡检二维码、施工质量检查二维码、实体质量检查二维码、试块养护二维码、安全教育二维码、班前安全活动二维码、施工日志二维码、安全技术交底二维码和技术交底管理二维码等。

RFID 技术是一种非接触式自动识别技术。它利用射频信号进行非接触双向通信，以此来自动识别目标对象并获取相关数据。RFID 技术具有精度高、环境适应性与抗干扰能力强、操作便捷等优点。RFID 技术用以实现针对每个个体的信息获取。RFID 系统由读卡器、电子标签和上层应用软件组成。当贴有电子标签的物体靠近读卡器时，经射频识别系统读出信息码，由控制器进行信息处理并做出相应的控制。然后通过网络通信将信息传至上位机，由上层管理软件对数据进行存储和管理，若连接互联网还可追溯材料来源信息。采用 RFID 技术，在作业人员安全帽内加装预载人员身份信息的 RFID 芯片，在施工现场布设感应器及传感器，对作业人员进行进出场考勤登记及资质认证，自动统计区域作业工种及人数并上传至智能云平台系统。RFID 技术具有识别高速运动物体的能力。例如，向作业人员和车辆分发 RFID 卡或钥匙标签供进出施工场地使用，人员和车辆出入无须停留，当其即将到达工地门口时，固定在门口处的读卡器将立刻获得信息并传送给控制中心，由上位机进行比对，确认无误即自动放行；又如，为工地地磅称重系统加装 RFID，在材料车辆进出场称重时，对称重车辆进行自动称重、拍照并对数据进行记录、挂钩及上传，在智能云平台中自动形成材料进场报表，在材料净重数据出现异常时自动报警。也可使用 RFID 追踪系统来记录车辆到达和离开工地的情况，使用户迅速地了解项目的进展及其效率。RFID 技术还可实现不成形材料的信息管理。例如，对于混凝土材料，RFID 技术能够对每批混合比例的具体数值进行记录，作业人员还可在混凝土中嵌入有源 RFID 标签与温度传感器，以便轻松准确地监测混凝土固化过程。混凝土凝固后，检测人员通过手持读卡器读出信息码，由后台服务器获得针对该信息码的混凝土固化数据，其中包括生产厂家、资质证书、安全证书、生产日期和生产质量等信息。与传统的管理模式相比，该方法节约时间，并以每个 RFID 标签编号的唯一性来识别，以创建报告和进行统计分析。

（二）定位跟踪技术

定位跟踪技术主要包括室外定位跟踪技术和室内定位跟踪技术。室外定位跟踪技术通常称为全球定位系统（Global Positioning System，GPS），是一种基于卫星导航的定位系统，其主要功能是实现对物体定位以及对速度等的测定，并提供连续、实时、高精度三维位置、三维速度和时间信息，在各个领域中得到了较广泛的应用。近年来，GPS 技术在高层建筑施工的放样与定位、大坝建设与监测、道路及桥涵的定位与控制等方面有着广泛的应用前景。在室内环境无法使用卫星定位时，使用室内定位跟踪技术作为卫星定位的辅助定位，解决卫星信号到达地面时较弱、不能穿透建筑物的问题，最终定位物体当前所处的位置。室内定位是指在室内环境中实现位置定位，主要采用无线通信、基站定位、惯导定位等多种技术集成形成一套室内位置定位体系，从而实现人员、物体等在室内空间中的位置监控。它解决了 GPS 技术在环境复杂的条件下应用的问题，为复杂施工条件下确定人员、车辆的位置信息和提高施工现场人、机、料等管理能力提供了技术保证。目前，我们常见的室内定位跟踪技术包含 Wi-Fi、低功耗蓝牙（Bluetooth Low Energy，BLE）、紫蜂（Zigbee）、超宽带（Ultra Wide Band，UWB）、RFID 等技术。根据应用场景的不同，可以采用不同的技术以满足客户的需求。

（三）图像采集技术

1. 视频监控
（1）前端设备
摄像机是获取监控现场图像的重要前端设备，有特殊应用需求时，前端设备中还包括麦克风和扩音喇叭，以获取现场音频信号或向现场发出音频信号。常用的摄像机以电荷耦合器件（Charge-Coupled Device，CCD）图像传感器或互补金属氧化物半导体（Complementary Metal Oxide Semiconductor，CMOS）图像传感器为核心部件，外加同步信号生成电路、视频信号处理电路及电源等组成（包括摄像机、镜头、云台、附件等）。CCD 型摄像机目前在市场上占重要地位，IP 网络摄像机及利用 CMOS、热传感器等技术构成的 DPS 和热红外摄像机等也占有一定份额。IP 网络摄像机是基于网络传输的数字化设备，除了具有普通复合视频信号输出接口 BNC 外（一般模拟输出为调试用，并不能代表它本身的效果），还有网络输出接口，可直接接入本地局域网。IP 摄像机将图像转换为基于 TCP/IP 网络标准的数据包，使摄像机所摄的画面通过 RJ-45 以太网接口或无线接口直接传送到网络上，通过网络即可远端监视画面。无论何种技术，都要强调设备器材的适用性原则。

一般来说，摄像机是摄像头和镜头的总称。实际上，摄像头与镜头大部分是分开配置的，需要根据目标物体的大小和摄像头与物体的距离，通过计算得到镜头的焦距，按照实际情况配置镜头。

（2）传输设备
传输设备通常有信号分配设备、双绞线、视频同轴电缆或光缆、无线传输设备和信号放大器等。

在监控系统中，前端设备和控制中心之间有两类信号需要传输：一类是现场的视频和音频信号传输到控制中心；另一类是控制信号由控制中心传输到前端设备。目前，监控系统中用来传输信号的常用介质主要有同轴电缆、双绞线、光纤，对应的传输设备分别是同轴视频放大器、双绞线视频传输设备和光端机。

（3）处理／控制设备

系统的处理／控制设备主要完成下列控制功能：一是对摄像机等前端设备进行控制，对图像显示进行编程及手动、自动切换；二是对显示图像叠加摄像机位置编码、时间、日期等信息；三是对图像记录设备的控制，支持必要的联动控制，当报警发生时，对报警现场的图像或声音进行复核，并能自动切换到指定的监视器上显示和自动实时录像。系统还应装备具有视频报警功能的监控设备，使控制系统具备多路报警显示和画面定格功能，并可任意设定视频警戒区域。

相应的设备主要由 POE 交换机、视频解码器、日期时间生成器、视频服务器或数字矩阵及一些辅助设备组成。

（4）记录／显示设备

记录设备又称录像设备，录像设备具有自动录像功能和报警联动实时录像功能，并可显示日期、时间及摄像机位置编码；现在常用的记录设备是网络硬盘录像机（Network Video Recorder，NVR）或数字硬盘录像机（Digital Video Recorder，DVR）。显示设备通常有显示器、大屏幕投影设备等。显示设备的功能是把摄像机输出的全电视信号还原成图像信号。专业显示器的功能与电视机基本相同，普通电视机也可以作为显示设备用，但专业显示器的清晰度远高于普通电视机。

NVR 实际就是计算机应用系统中的存储服务器，只不过称呼不同而已。它针对视频流做了专门的技术处理。它是通过光纤／千兆电口接入网络，同时处理多路视频流的网络存储服务器。它具有存储服务器的一些特征，如热插拔技术等。

通过施工现场互联网接入，可以直接在监控中心显示屏上看到各施工点的现场情景图像，也可以通过监控中心的监控电脑向前端摄像机高速球发出控制指令，调整摄像机镜头焦距或控制云台进行局部细节观察，对施工现场进行远程实时抽检监控。这样，可以在监督施工现场是否规范施工的同时，保证建筑材料及设备的财产安全，并对违反规定的施工企业进行处罚时提供证据。录像文件存储在工地前端DVR，既满足了存储要求，又不会占用很多上行带宽，管理人员可以随时远程访问各施工现场的录像记录，并可按时间、企业名称、摄像机编号等要素进行录像资料的智能化快速检索和回放显示。视频监控系统不仅能在白天实时监控，而且在夜间也可以对施工现场进行监控。若前端主动发出报警信息后，监控中心监控图像可以自动切换到发生警报的施工现场图像。智能车牌识别技术可以准确检测到视频或图片中出现的车牌信息，返回识别到的车牌号码及在图片中的位置信息。利用深度学习技术，结合大量的现场数据，针对工地各类型黄牌车识别有特别的优势。安全帽识别技术通过对人员的分析，定位出人员头像位置，检测其是否佩戴安全帽。通过现场监控视频对画面实施动态捕捉，实现对现场安全帽佩戴的动态检测，提升现场安全行为管理。

2. 三维激光扫描

三维激光扫描技术是 20 世纪 90 年代中期开始出现的一项高新技术。它通过高速激光扫描测量的方法，大面积、高分辨率地快速获取被测对象表面的三维坐标数据；可以快速、大量采集空间点位信息，为快速建立物体的三维影像模型提供了一种全新的技术手段。三维激光扫描技术利用激光测距的原理，通过记录被测物体表面大量的、密集的点的三维坐标、反射率和纹理等信息，快速复建出被测目标的三维模型及线、面、体等各种图件数据。由于三维激光扫描系统可以密集地大量获取目标对象的数据点，相对于传统的单点测量，三维激光扫描技术也被称为从单点测量进化到面测量的革命性技术。该技术在文物古迹保护、建筑规划、土木工程、工厂改造、室内设计、建筑监测、交通事故处理、法律证据收集、灾害评估、船舶设计、数字城市、军事分析等领域也有了很多的尝试、应用和探索。三维激光扫描系统包含数据采集的硬件部分和数据处理的软件部分。按照载体的不同，三维激光扫描系统又可分为机载、车载、地面和手持型几类。如高速三维扫描仪，采用激光技术只需数分钟即可生成复杂环境的几何结构的详细三维图像；其配有触摸操作屏，用于控制扫描功能和参数；最终的图像是由数百万彩色点的点云组成，可用来对现有环境进行数字化再现。

（四）无线传感器网络技术

无线传感器网络（Wireless Sensor Networks，WSN）是一种分布式传感网络，它的末梢是可以感知和检查外部世界的传感器。WSN 技术中的传感器通过无线方式通信，网络设置灵活，设备位置可以随时更改，还可以与互联网进行有线或无线方式的连接，通过无线通信方式形成的一个多跳自组织网络。无线传感器网络技术在工程领域的应用已经从混凝土的浇筑过程监控扩展到大坝、桥梁、隧道等复杂工程的测量或监测。

三、移动互联网技术

移动互联网（Mobile Internet，MI）是一种通过智能移动终端，采用移动无线通信方式获取业务和服务的新兴业态，包含终端、软件和应用三个层面。终端层包括智能手机、平板电脑、电子书等；软件层包括操作系统、中间件、数据库和安全软件等；应用层包括休闲娱乐类、工具媒体类、商务财经类等不同应用与服务。随着技术和产业的发展，未来长期演进（Long Term Evolution，LTE）和近场通信（Near

Field Communication，NFC）等网络传输层关键技术也将被纳入移动互联网的范畴。移动应用对于建筑施工现场有着天然的符合度，施工现场人员的主要职责和日常工作发生地点一般在施工生产现场，而不是在办公区的固定办公室。通过移动端对现场质量进行管控，方便记录实施情况并汇报问题，快捷分派任务和监督整改，有效查询问题和追溯责任，使质量管理工作更快速有效地进行。"互联网+质量平台管理"系统可以实时、直观地提供现场信息，对提高管理质量有着不可代替的重要作用，它解决了信息化应用最后"一公里"的尴尬。"互联网+质量平台管理"系统做到了传输距离无界限，便于监控，极大地降低了综合成本。此系统还可以让管理层身在外地，随时随地掌握施工现场的生产状况，实现对施工现场情况及施工进度情况的远程监控。

四、云计算技术

云技术是指在广域网或局域网内将硬件、软件、网络等系列资源统一起来，实现数据的计算、储存、处理和共享的一种托管技术。云技术是基于云计算商业模式应用的网络技术、信息技术、整合技术、管理平台技术、应用技术等的总称，可以组成资源共享池，按需所用，灵活便利。云计算技术是云技术的重要支撑。云计算是一种按使用量付费的模式，这种模式提供可用的、便捷的、按需的网络访问，进入可配置的计算资源共享池（资源包括网络、服务器、存储、应用软件、服务），这些资源能够被快速提供，只需投入很少的管理工作，或与服务供应商进行很少的交互。云计算技术是网格计算、分布式计算、并行计算、效用计算、网络存储、虚拟化和负载均衡等计算机技术与网络技术发展融合的产物。它旨在通过网络把多个成本相对较低的计算实体，整合成一个具有强大计算能力的完美系统，并把这些强大的计算能力分布到终端用户手中。它是解决 BIM 大数据传输及处理的最佳技术手段。

在施工现场智慧化应用过程中，云计算技术作为基础应用技术是不可或缺的，物联网、移动应用、大数据等技术的应用过程中，普遍搭建云服务平台，以实现终端设备的协同、数据的处理和资源的共享。用户只需要在手机上安装 App，注册后就可以使用，可避免在施工现场部署网络服务器，简化了现场互联网应用，有利于现场信息化的推广。

五、大数据技术

"大数据"是需要新处理模式才能具有更强的决策力、洞察发现力和流程优化能力来适应海量、高增长率和多样化的信息资产。它是一种规模大到在获取、存储、管理、分析方面大大超出了传统数据库软件工具能力范围的数据集合，具有海量的数据规模、快速的数据流转、多样的数据类型和价值大四大特征。大数据技术有 5 个核心部分，即数据采集、数据存储、数据清洗、数据挖掘和数据可视化。大数据可应用于各个行业，包括智慧城市、城市交通、医疗、金融、城市规划、汽车、餐饮、电信、能源、建筑和娱乐等在内的社会各行各业都已经融入了大数据的印迹。制造业利用工业大数据提升制造业水平，包括产品故障诊断与预测、分析工艺流程、改进生产工艺、优化生产过程能耗、工业供应链分析与优化和生产计划与排程。在汽车行业，利用大数据和物联网技术的无人驾驶汽车，在不远的未来可能将走入人们的日常生活。在能源行业，随着智能电网的发展，电力公司可以掌握海量的用户用电信息，利用大数据技术分析用户用电模式，可以改进电网运行，合理设计电力需求响应系统，确保电网运行安全。物流行业利用大数据优化物流网络，提高物流效率，降低物流成本。城市管理可以利用大数据实现智能交通、环保监测、城市规划和智能安防。大数据的价值远远不止于此，大数据对各行各业的渗透大大推动了社会生产和生活的发展，未来必将产生重大而深远的影响。

项目施工过程中将会产生海量的数据，有工程进度数据、合同数据、付款数据、劳务数据、质量检验数据、施工现场的监控视频等不同的数据信息。随着智慧工地的实施与应用，更多的物联网、BIM 技术被引入，建设项目产生的数据将成倍增加，数据量将是惊人的。这些数据充分体现了大数据的多源、多格式、海量等特征，对这些数据进行收集整理并再利用，可帮助企业更好地预测项目风险，提前预测，提高决策能力；也可帮助业务人员分析提取分类业务指标，并用于后续的项目。大数据云服务平台，打破了信息孤岛，将形成统一的数据共享平台。通过对建筑施工现场监管数据的挖掘、研究，可以利用大数据做好工程质量管控；通过对施工技术指标数据的挖掘、分析，实现工程质量的信息化监管。也可以利用大数据做好施工环境监测。环境监测系统利用云计算数据统计分析、传感器等技术，对施工噪声、粉尘等进行综合评估、风险预警，对监测到的分贝值、浓度值进行数据分析，根据相关标准进行自动运算，超出标准将自动报警提示。还可以利用大数据做好人员安全监管。将大数据应用到安全施工管理中来，管理者可随时了解工人的工作状态。通过对阶段用工情况进行数据统计，系统会自动统计分析出每一个项目阶段所涉及的班组工种、工日、工时等相关数据，对用工超时、危险作业等紧急情况进行数据分析，一旦发现异常，系统会自动将数据传输到终端，自动报警提示，并联动其他通知方式，避免疲劳施工，保障并提高务工人员及项目的安全系数，确保施工人员的安全。

大数据技术还可与视频监控系统结合起来，传统的视频监控系统通常是通过人员监控和录像来实现安全防护，实际上并不能主动有效地保障安全。由于显示屏数量有限，对安全隐患无法实时监控和预警。监控点过多，人员监控根本无法顾及所有监控场景。监控人员的注意力也难以保证 24 h 都能准确高效地监控所有场景。后期的视频录像分析也需要大量的人力、物力。将大数据技术和视频监控相结合，视频监控从前端视频技术到中端海量存储再到后端的大数据分析，是一个完整的大数据技术应用，对海量的高清视频图像进行智能分析，对视频进行浓缩摘要、检索处理。云平台以云的方式对视频数据进行存储、二次深度分析、预测判断结果，可以实现对物品的识别和分离、对人脸的识别、对颜色文字数字的识别、对物体变化的分析甚至还有对可疑行为的监测。把孤立的视频内容通过大数据技术的加工，形成可视化结果呈现，这种转变可为视频监控业务创造更加智能高效的使用方式，让用户从繁重的观看视频监控劳动中解脱出来，能轻松自如地通过视频监控进行高效准确的决策。

六、虚拟现实技术

虚拟现实技术是利用计算机生成一种模拟环境，通过多种传感设备使用户"沉浸"在该环境中，实现用户与环境直接进行自然交互的技术。它能够让应用 BIM 的设计师以身临其境的感觉和自然的方式与计算机生成的环境进行交互操作，从而体验比现实世界更加丰富的感受。

虚拟现实技术可以改变后期施工和装修模式。施工和装修阶段是整个地产行业当中变化最大的一个阶段，往往会给开发者或房屋住户带来很多不必要的麻烦和损失。而在搭配了虚拟现实技术之后，开发者便可在虚拟现实技术搭建的仿真系统当中进行建筑的施工和装修操作，来发现施工及装修过程中存在的技术问题，从而更好地完成施工任务以及改正施工及装修过程中存在的问题，大幅提升此阶段的工作效率及质量。同时，搭载了虚拟现实技术之后的平台，还可以使用户充满参与感，给地产商提供自己的意见，还可以在看房系统中自己设计房屋。这样的互动性对于用户来讲，无疑是巨大的改变。

智慧工地综合性运用 BIM 技术、物联网技术、移动互联网技术、云计算技术、大数据技术、虚拟现实技术等高端技术手段，紧紧围绕人、机、料、法、环等关键要素，建立信息智能采集、管理高效协同、数据科学分析、过程智慧预测的施工现场立体化信息网络，最终实现工地的智能化管理，提高工地工作效率，减少人员伤亡，缩短工程工期，防止环境污染，营造绿色高效的施工环境。未来，将有越来越多的先进技术被运用到智慧工地的建设中去。

第三节　智慧工地的建设规划与设计

一、智慧工地应用框架

智慧工地将在施工现场收集人员、安全、环境、材料等关键业务数据，深入发现原来忽视或不好管理的细节，并依托物联网、互联网、超级计算机，建立云端大数据管理平台，形成"端＋云＋大数据"的业务体系和新的管理模式，建立智慧工地综合管理平台，打通从一线操作与远程监管的数据链条。

（一）现场应用层

智慧工地的现场应用层聚焦施工生产一线具体工作，通过小而精的专业化系统，利用物联网、云计算等先进信息化技术手段，适应现场环境的要求，面向施工现场数据采集难、监管不到位等问题，保证数据获取的准确性、及时性和真实性，并提高其响应速度，实现施工过程的全面感知、互通互联、智能处理和协同工作。现场应用业务范围涵盖施工策划、人员管理、机械设备管理、物料管理、成本管理、进度管理、质量安全管理、环境管理和项目协同管理等单元。智慧工地应用层的软件具有以下共同特征：

一是应用软件的碎片化，不再通过一个大而全的系统或平台来解决所有问题。每个管理单元都拥有一个或多个智慧工地的信息化系统，它们分别解决业务单元中不同的管理问题。例如，一些人员管理系统拥有劳务实名制系统、一卡通、即时通信、智能分析等，这些小的系统共同推动了对应业务单元的管理水平和能力的提高。

二是追求数据的准确性、实时性、真实性和有效性。数据是管理的基础，单纯靠人员现场手工记录效率低下，且容易出错，还有延迟性。因此，智慧工地将RFID、传感器、图像采集等物联网技术和智能化技术应用于施工现场关键环节，实现施工过程的智能感知、实时监控和数据采集。通过物联网网关协议与各管理系统集成，实现现场数据的及时获取和共享，解决了以前通过人工录入带来的信息滞后和不准确的问题，保证了现场交互的明确性、高效性、灵活性并提高了响应速度。例如，针对物料管理控制方面的物联网应用，可以对现场物料的使用、存放的信息进行有效的监控和管理。对施工过程中的物料运输、进出详情、材料计划清单、物料进场进度可以通过智能地磅系统进行跟踪和监控。

三是追求现场人员实时沟通与协同工作。施工项目的临时性、工地的分散性、人员的走动性等特点，对信息化的应用造成很多障碍。工地管理人员多是在现场作业，但工地现场的环境非常复杂，容易出现反馈问题的重复、安全问题的延误和重复处理、工作前后交接出现脱节等现象。解决这些问题的核心就是能更准确地创建信息、及时传递信息、更快地反馈信息。智慧工地通过手机登录移动终端设备上的专业 App 软件、集成云平台和物联网终端，实现随时随地的信息共享和沟通协同。例如，在现场通过手机端工地 App 可编制汇总并上传技术交底文档，可设置时间定期提醒被交底人员查看下载相关技术交底文档，实现被交底人员电子手签标注，在指定处自行打印技术交底文件归档留存，对于逾期未查看下载的情况进行报警。

四是充分利用 BIM 技术，优化施工组织和方案，实现过程精细化管控。

智慧工地现场应用层从结构上又分为感知层、网络层和应用层。

感知层应包括智慧工地现场信息采集、显示等各类信息设备，对工地现场各类信息进行传感、采集、识别、控制。感知层信息设备包括各类感知节点、传输网络、自动识别装置、监控终端等，如环境监测传感器、视频采集子系统、自动识别考勤装置、升降机监控子系统等类似设备或系统。

网络层应实现不同终端、子系统、应用主体之间的信息传输与交换，服务于物联网信息汇聚、传输和初步处理的网络设备和平台，由互联网、有线和无线通信网、网络管理系统以及云计算平台等组成，负责传递和处理感知层获取的信息。通过网络层，工程项目管理者可以从中获取工程项目各阶段的数据信息，进而对这些数据进行采集、整理、分析等。同时，能够通过在工地各围场安装传感设备和无线网络，随时随地传送监测到的数字信号，从而为建设工地现场管理系统进行信息采集和数据通信提供有力的保障。同时，网络层的云计算技术运用，可实现对各类设备设施监控信息资源的共享和优化管理。

应用层应根据智慧工地的各类服务需求，向用户提供应用服务。应用层为各方责任主体及相关人员提供应用服务，包括工程基本信息应用、人员信息管理应用、环境监测应用、视频监控应用、设备监管应用、质量监管应用和安全监管应用等。运行与维护部分为智慧工地各信息系统正常运行提供保障。智慧工地具有集合各类共用信息的数据资源库，可以向政府、企业、市民等社会各界提供大量的数据，能够快速有效地帮助工程管理者进行数据分析，更好地为人们提供更加安全、文明、智慧的工地施工环境。

(二) 集成监管层

通过对数据标准和接口的规范，将现场应用的子系统集成到监管平台，创建协同工作环境，搭建立体式管控体系，提高监管效率。它包括平台数据标准层和集成监管平台两部分内容。集成监管平台需要与各项目业务子系统进行数据对接。为保证数据的无缝生成，各系统之间的管理协调需要建立统一的标准，包括管理标准和技术标准等，对接各智慧工地现场系统，使其具有对施工现场各要素进行远程监测、管理、统计等功能。

（三）决策分析层

它基于实时采集并集成的一线生产数据建立决策分析系统，通过大数据分析技术对监管数据进行科学分析、决策和预测，实现智慧型的辅助决策功能，提升企业和项目的科学决策与分析能力。决策分析层一般需建立领导决策分析系统。

（四）数据中心

通过数据中心的建设，建立项目知识库，通过移动应用等手段植入一线工作中，使得知识库发挥真正的价值。

（五）行业监管

智慧工地的建设可延伸至行业监管，通过系统和数据的对接，支持智慧工地的行业监管。

二、智慧工地建设内容与建设思路

智慧工地的主要建设内容包括智慧施工策划、智慧进度管理、智慧人员管理、智慧施工机械管理、智慧物料管理、智慧成本管理、智慧质量安全管理、智慧绿色施工管理、智慧项目协同管理、智慧工地集成管理和智慧工地行业监管等内容。

智慧工地具有一定的复杂性，其建设不可一蹴而就，需要遵循一定的规律。智慧工地的建设思路可以总结为以下几点：（1）以满足现场工作为基础，同时满足监管的需要。（2）以企业为主体，总体规划，分步实施。首先，进行顶层规划、相关技术标准设计；其次，推进和出台相应管理制度；最后，按照技术标准、管理制度实施。在整体规划的基础上，智慧工地一般采用自下而上的方式实施。正像架构中展示的那样，紧紧围绕现场核心业务，采用碎片化的众多子系统，以满足一线管理岗位对现场作业过程的管理为第一要务，有针对性地降低工作量，提高工作效率，减少管理漏洞。（3）采用自建和购买服务相结合的方式建立系统。（4）建立配套的岗位流程制度以提供制度上的支撑。

三、智慧工地典型系统介绍

（一）视频监控系统

建立视频监控系统管理建筑工地，旨在通过工地现场的互联网或微波传输技术和先进的计算机技术，加强建筑工地施工现场安全防护管理，实时监测施工现场安全生产措施的落实情况，对施工操作工作面上的各安全要素，如塔吊、井字架、施工电梯、中小型施工机械、安全网、外脚手架、临时用电线路架设、基坑防护、边坡支护以及施工人员安全帽佩戴（识别率达90%以上）等实施有效监控，可以直接在监控中心显示屏上看到各施工地点的现场情景图像，也可以通过监控中心的监控电脑向前端摄像机、高速球发出控制指令，调整摄像机镜头焦距或控制云台进行局部细节观察，对施工现场进行远程实时抽检监控。在监督施工现场是否规范施工的同时，及时消除施工安全隐患，保证建筑材料及设备的安全。视频监控功能模块的内容应包括视频数据采集、视频数据查看、视频监测控制、视频数据存储、视频报警检索联动和多监控中心。

（二）环境监测系统

扬尘和噪声是造成环境污染的重要因素，建立针对建筑工地、运渣车等的环境监测系统能提升环保治理的管理效率和效果，对于我国大中城市有效地控制扬尘污染、提高空气质量具有非常现实和重大的意义。施工现场常常由于噪声过大等原因被迫停工，或者拖延工期，使用环境监测仪器可以避免这一情况。

环境监测功能模块内容包括工地扬尘监测、工地环境噪声监测、小气候气象监测、建筑垃圾管理。

（三）施工机械设备监管系统

施工机械设备监管，是对施工机具的购置、配备、验收、安装调试、使用维护等管理过程进行控制，消除或降低职业健康安全风险，降低场界噪声、减少环境污染，保证施工机具满足施工生产能力的要求。设备监管功能模块内容宜包括机械设备信息管理、塔式起重机监控、升降机监控等。

（四）人员信息管理系统

智慧工地人员信息管理系统一般具备门禁功能、指纹及人脸识别对比功能，RFID识别功能，采用实名制管理，对工人出入工地的信息采集、数据统计及信息查询等进行有效分析，便于施工方对班组进行日常管理。人员信息管理功能模块内容应包括人员信息采集、人员岗位职责管理、人员职业管理、门禁考勤管理、人员定位跟踪、人员薪酬管理和人员诚信度管理。

（五）基于 BIM 的质量安全管理系统

工程建设项目施工的质量安全管理是一项系统工程，涉及面广而且复杂，其影响质量的因素很多，比如设计、材料、机械、地形、地质、水文、工艺、工序、技术、管理等，直接影响着建设项目的施工质量，容易产生质量安全问题。因此，建设项目施工的质量安全管理就显得十分重要。建设项目的现场施工管理是形成建设项目实体的过程，也是决定最终产品质量的关键。现场施工管理中的质量安全管理，是工程项目全过程质量安全管理的重要环节，工程质量在很大程度上取决于施工阶段的质量管理。切实抓好施工现场质量管理是实现施工企业创建优良工程的关键，有利于促进工程质量的提高，降低工程建设成本，杜绝工程质量事故的发生，保障施工管理目标的实现。

传统的质量管理主要依靠制度的建设、管理人员对施工图纸的熟悉及依靠经验判断施工手段合理性来实现，这对于质量管控要点的传递、现场实体检查等方面都具有一定的局限性。采用 BIM 技术可以在技术交底、现场实体检查、现场资料填写、样板引路方面进行应用，促进提高质量管理方面的效率和有效性。基于 BIM 技术，对施工现场重要生产要素的状态进行绘制和控制，有助于实现危险源的辨识和动态管理，有助于加强安全策划工作，使施工过程中的不安全行为 / 不安全状态得到减少和消除，做到不发生事故，尤其是避免人身伤亡事故，确保工程项目的效益目标得以实现。

（六）智慧工地集成管理平台

随着技术的发展和项目管理水平的提高，越来越多的软件系统和智能设备被广泛应用于工地现场。每个应用通常只解决一个点的业务需求，项目管理者面对各个分散的应用和孤立的数据，难以实现对项目的综合管理和目标监控，智慧工地的建设难以达到预期的效果。智慧工地管理平台是依托物联网、互联网建立的大数据管理平台，是一种全新的管理模式，能够实现劳务管理、安全施工、绿色施工的智能化和互联网化。智慧工地平台将施工现场的应用和硬件设备集成到一个统一的平台，并将产生的数据汇集，形成数据中心。基于智慧工地平台，各个应用之间可以实现数据的互联互通并形成联动，同时平台将关键指标、数据及分析结果以项目 BI（商务智能）的方式集中呈现给项目管理者，并智能识别问题和进行预警，从而实现施工现场数字化、在线化、智能化的综合管理。

　　智慧工地集成管理平台应有以下功能：施工组织策划；施工进度管理；人员管理；机械设备管理；成本管理；质量安全管理；绿色施工管理；项目协同管理。

第六章　现代绿色建筑施工技术

第一节　绿色施工概述

一、绿色施工的内涵

《建筑工程绿色施工评价标准》中对绿色施工的定义为：绿色施工是指建筑工程施工过程中，在保证工程质量和安全的前提下，通过运用先进的技术和科学的管理方式，最大限度减少对环境的污染和对资源的浪费，从而实现施工过程中的节能、节地、节水、节材和环境保护的目的。

绿色施工应是可持续发展理念在工程施工中全面应用的体现，绿色施工并不仅指在工程施工中实施封闭施工，没有尘土飞扬，没有噪声扰民，在工地四周栽花、种草，实施定时洒水等这些内容，它还涉及可持续发展的各个方面，如生态与环境保护、资源与能源利用、社会与经济的发展等内容。

二、绿色施工原则与要求

（一）施工的原则

1. 减少场地干扰、尊重基地环境

工程施工过程会严重扰乱场地环境，这一点对于未开发区域的新建项目尤其严重。场地平整、土方开挖、施工降水、永久及临时设施建造、场地废物处理等均会对场地上现存的动植物资源、地形地貌、地下水位等造成影响；还会对场地内现存的文物、地方特色资源等带来破坏，影响当地文脉的继承和发扬。因此，施工中减少场地干扰、尊重基地环境对于保护生态环境、维持地方文脉具有重要的意义。业主、设计单位和承包商应当识别场地内现有的自然、文化和构筑物特征，并通过合理的设计、施工和管理工作将这些特征保存下来。可持续的场地设计对于减少这种干扰具有重要的作用。就工程施工而言，承包商应结合业主、设计单位对承包商使用场地的要求，制定满足这些要求的、能尽量减少场地干扰的场地使用计划。

2. 施工结合气候

承包商在选择施工方法、施工机械，安排施工顺序，布置施工场地时应结合气候特征。这可以减少由于气候原因而带来施工措施的增加，资源和能源用量的增加，有效地降低施工成本；可以减少由于额外措施对施工现场及环境的干扰；可以有利于施工现场环境质量品质的改善和工程质量的提高。

承包商要能做到施工结合气候，首先要了解现场所在地区的气象资料及特征，主要包括：降雨、降雪资料，如全年降雨量、降雪量、雨季起止日期、一日最大降雨量等；气温资料，如年平均气温和最高、最低气温及持续时间等；风的资料，如风速、风向和风的频率等。

3. 绿色施工要求节水节电环保

节约资源（能源）建设项目通常要使用大量的材料、能源和水资源。减少资源的消耗，节约能源，提高效益，保护水资源是可持续发展的基本观点。施工中资源（能源）的节约主要有以下几个方面的内容：

（1）水资源的节约利用

通过监测水资源的使用，安装小流量的设备和器具，在可能的场所重新利用雨水或施工废水等措施来减少施工期间的用水量，降低用水费用。

（2）节约电能

通过监测利用率，安装节能灯具和设备、利用声光传感器控制照明灯具，采用节电型施工机械，合理安排施工时间等降低用电量，节约电能。

（3）减少材料的损耗

通过更仔细的采购，合理的现场保管，减少材料的搬运次数，减少包装，完善操作工艺，增加摊销材料的周转次数等降低材料在使用中的消耗，提高材料的使用效率。

（4）可回收资源的利用

可回收资源的利用是节约资源的主要手段，也是当前应加强的方向。主要体现在两个方面：一是使用可再生的或含有可再生成分的产品和材料，这有助于将可回收部分从废弃物中分离出来，同时减少了原始材料的使用，即减少了自然资源的消耗；二是加大资源和材料的回收利用、循环利用力度，如在施工现场建立废物回收系统，再回收或重复利用在拆除时得到的材料，这可减少施工中材料的消耗量或通过销售来增加企业的收入，也可降低企业运输或填埋垃圾的费用。

4. 减少环境污染，提高环境品质

工程施工中产生的大量灰尘、噪声、有毒有害气体、废物等会对环境品质造成严重的影响，也将有损现场工作人员、使用者及公众的健康。因此，减少环境污染，提高环境品质也是绿色施工的基本原则。提高与施工有关的室内外空气品质是该原则的最主要内容。施工过程中，扰动建筑材料和系统所产生的灰尘，从材料、产品、施工设备或施工过程中散发的挥发性有机化合物或微粒均会引起室内外空气品质问题。这些挥发性有机化合物或微粒会对健康构成潜在的威胁和损害，需要特殊的安全防护。这些威胁和损伤有些是长期的，甚至是致命的。而且在建造过程中，这些空气污染物也可能渗入邻近的建筑物，并在施工结束后继续留在建筑物内。这种影响尤其对那些需要在房屋使用者在场的情况下进行施工的改建项目更需引起重视。

5.实施科学管理、保证施工质量

实施绿色施工，必须实施科学管理，提高企业管理水平，使企业从被动适应转变为主动响应，使企业实施绿色施工制度化、规范化。这将充分发挥绿色施工对促进可持续发展的作用，增加绿色施工的经济性效果，增加承包商采用绿色施工的积极性。

实施绿色施工，尽可能减少场地干扰，提高资源和材料利用效率，增加材料的回收利用等，但采用这些手段的前提是要确保工程质量。好的工程质量，可延长项目寿命，降低项目日常运行费用，利于使用者的健康和安全，促进社会经济发展，本身就是可持续发展的体现。

(二) 施工要求

第一，在临时设施建设方面，现场搭建活动房屋之前应按规划部门的要求取得相关手续。建设单位和施工单位应选用高效保温隔热、可拆卸循环使用的材料搭建施工现场临时设施，并取得产品合格证后方可投入使用。工程竣工后一个月内，选择有合法资质的拆除公司将临时设施拆除。

第二，在限制施工降水方面，建设单位或者施工单位应当采取相应方法，隔断地下水进入施工区域。因地下结构、地层及地下水、施工条件和技术等原因，使得采用帷幕隔水方法很难实施或者虽能实施，但增加的工程投资明显不合理，施工降水方案经过专家评审并通过后，可以采用管井、井点等方法进行施工降水。

第三，在控制施工扬尘方面，工程土方开挖前施工单位应按《绿色施工管理规程》的要求，做好洗车池和冲洗设施、建筑垃圾和生活垃圾分类密闭存放装置、沙土覆盖、工地路面硬化和生活区绿化美化等工作。

第四，在渣土绿色运输方面，施工单位应按照要求，选用已办理"散装货物运输车辆准运证"的车辆，持"渣土消纳许可证"从事渣土运输作业。

第五，在降低声、光排放方面，建设单位、施工单位在签订合同时，注意施工工期安排及已签合同施工延长工期的调整，应尽量避免夜间施工。由于特殊原因确需夜间施工的，必须到工程所在地区县建委办理夜间施工许可证，施工时要采取封闭措施降低施工噪声并尽可能减少强光对居民生活的干扰。

三、措施与途径

建设和施工单位要尽量选用高性能、低噪声、少污染的设备，采用机械化程度高的施工方式，减少使用污染排放高的各类车辆。

施工区域与非施工区域间设置标准的分隔设施，做到连续、稳固、整洁、美观。硬质围栏/围挡的高度不得低于2.5米。

易产生泥浆的施工，须实行硬地坪施工；所有土堆、料堆须采取加盖防止粉尘污染的遮盖物或喷洒覆盖剂等措施。

施工现场使用的热水锅炉等必须使用清洁燃料。不得在施工现场熔融沥青或焚烧油毡、油漆以及其他产生有毒、有害烟尘和恶臭气体的物质。

建设工程工地应严格按照防汛要求，设置连续、通畅的排水设施和其他应急设施。

市区（距居民区1000米范围内）禁用柴油冲击桩机、振动桩机、旋转桩机和柴油发电机，严禁敲打导管和钻杆，控制高噪声污染。

施工单位须落实门前环境卫生责任制，并指定专人负责日常管理。施工现场应设密闭式垃圾站，施工垃圾、生活垃圾分类存放。

生活区应设置封闭式垃圾容器，施工场地生活垃圾应实行袋装化，并委托环卫部门统一清运。

鼓励建筑废料、渣土的综合利用。

对危险废弃物必须设置统一的标志分类存放，收集到一定量后，交有资质的单位统一处置。

合理、节约使用水、电。大型照明灯须采用俯视角，避免光污染。

加强绿化工作，搬迁树木须手续齐全；在绿化施工中科学、合理地使用与处置农药，尽量减少对环境的污染。

第二节　绿色材料的应用

一、绿色建材的内涵

绿色建材又称生态建材、环保建材、健康建材，是指采用清洁生产技术、少用天然资源和能源，大量使用工业或城市固态废弃物生产的无毒害、无污染、无放射性、有利于环境保护和人体健康的建筑材料。绿色建材是绿色材料的一大类，研究开发绿色建材时要考虑的内容有：建材对地球臭氧层的破坏程度；掺入的废渣对环境的破坏；是否有利于保护树木和改善生态环境减少；排放的放射性物质、有害化学物质和电磁污染的影响等。因此，绿色建材在各个环节都体现绿色概念，如原料选择、生产工艺、产品应用以及回收循环利用等。

二、绿色建筑材料的分类

(一) 节约能源型室内绿色建材

目前，我国每年建成的房屋面积高达 16 亿 ~ 20 亿 m^2，新建建筑中仍有 80% 以上属于高能耗建筑。建筑的全过程不仅耗用了全球资源中 50% 的能源、42% 的水资源和 50% 的原材料，而且导致了全球 50% 的空气污染、42% 的温室效应、50% 的水污染、48% 的固体废物和 50% 的氟氯化物的排放。国家科技中长期发展规划提出，2020 年房屋建造材料的制造能耗降低 40%，使用中能耗降低 70%。可以看出传统建材能耗高的问题突出，今后绿色建材应该以节能型为主要发展方向。节能型绿色建材不仅在使用过程中降低建筑物的能耗，而且在生产过程中也节能省电。

我国建材工业每年消耗 2.3 亿 t 标准煤，占全国总能耗的 15%，是能耗大户。我国建材的平均生产能耗与世界先进水平相差较大，能耗降低的潜力也较大，只要依靠技术革新和科学管理，有可能在较短时间内降低能源消耗水平。以节能环保型水泥为例，其烧成温度为 1200℃，比普通水泥的烧制温度低 200℃ 左右，这种水泥在生产环节就节约了能源，并减少了二氧化碳、二氧化硫等有害气体的释放。

(二) 节约资源型室内绿色建材

节约资源型建材是指天然的可再生的材料、可回收再循环利用的材料、生产中资源消耗低的材料、质量好耐久性高的材料。对于建材生产企业来说，首先是技术攻关和加强管理，以达到节约资源的目的，比如提高产品的成品率、降低单位产品的原料消耗等。室内装饰材料中，应减少纯实木地板的使用，推广实木复合地板和强化木地板的应用，对节约木材资源有积极的作用。木地板企业加强实木复合地板和强化木地板的技术研究工作，使这两类地板的品质进一步提高。品种和外观得到丰富，以满足不同人群的需求。要研发高档复合实木地板产品，重点攻克生产三层实木复合地板的工艺技术。进一步丰富各类半成品或成品的木制品种类，如线条、门窗、饰构件等，通过工厂加工以提高木材利用率，减少施工现场木材废料的产生。装饰石材行业也是如此，我国装饰用的优质石材资源也是有限的，该类石材属于不可再生资源，如何提高优质石材的利用率和使用价值也值得市场企业深入研究。我国大多数石矿山的荒料率低于50%，一些知名企业的理论荒料率为5%，而实际荒料率仅30%~35%，应采用先进的技术装备和科学管理来提高石材资源的利用率。开发生产薄板石材，可将干挂石材的厚度由25mm降到10mm，并通过复合技术制作新型的复合型石材板材，从而提高优质石材的使用率，更多地实现其价值。

原材料替代方式也是节约资源的一种方式。在节约使用天然优良木材的同时，对速生林木和竹林的综合利用技术研发工作应加强。我国竹林资源丰富，竹林生长快，是可再生强的自然资源。加强竹地板的推广是节约木材的有效途径。节约资源型建材的开发，不仅可以充分回收利用废弃物，提高资源利用率，而且可以降低环境的污染，维护生态环境，以最低的资源和环境消耗为代价，获得持久的社会经济效益。我国作为一个资源短缺的人口大国，发展节约资源型室内绿色建材，具有特殊的经济和社会意义。

（三）有益环境型室内绿色建材

城市化进程不断加快，生产力水平不断提高，人类所处的室内外环境的问题也日益严重。由于不合格的室内装饰材料的大量采用，造成室内环境污染，影响人体健康。随着消费水平、消费观念、环境意识的提高，对室内绿色建材的需求也不断增加。人们渴求绿色健康、功能丰富的室内建材，对装饰建材企业提出更高的要求。室内装修以板材使用最多，生产低。

甲醛或无甲醛人造板材成为室内建材发展的趋势。生产低甲醛或无甲醛人造板的关键在于，一是研发低游离甲醛含量的木材黏结剂，降低酚醛树脂胶黏剂和脲醛树脂胶黏剂中的游离甲醛含量。二是使用甲醛捕捉剂，它能使胶合板胶黏剂中的游离甲醛得以聚合或被吸收，降低板材的甲醛释放量。研发非甲醛系的板材用的木材胶黏剂，也是一种途径。研发抗菌除臭涂料、负离子释放涂料和具有活性吸附功能、可分解有机物的涂料，以达到净化生活环境及改善空气质量，从而有利于人类健康的目的。

随着人们对室内建材环保要求的提高，污染环境、损害人体健康的室内建材必将被市场淘汰，环保产品将成为市场的主流。

三、建筑材料的可持续利用

（一）木质建材

木质建材要比其他以森林资源为原料的材料（如纸），使用寿命明显要长，碳元素一旦被存储就能够长期保存。同时，由于木材的材料特点，大部分从旧建筑上拆解下来的木材经过车床或工人的简单物理加工（如拔除钉子、去除腐朽部位、重新造型等）即可再行利用，且这种木材比新近生产的木材在本地环境中材性更佳。将拆解下来的木材尽量保持原有的形态进行再利用，其意义之一在于不轻易废弃经年累月才得以去除水分而得到的干燥木材；并且不轻易使树木所存储下来的碳元素返回大气中，使得被富集的自然资源不轻易地进入自然环境中人类的主动行为较难影响的范围。

如果进行材料的再循环，则能够生产纤维板或造纸等，其中碳元素的存储量仍旧足够大于其生产过程中所排出的碳元素量。如果拆除的木材其性质已不能继续参与材料系统内部的循环，则可将经测定不含防腐、防火药剂和油漆等有害物质的木屑、碎木等作为燃料或堆肥使用，使其中的碳元素回到大气中，重新参与固碳过程。

废木料可与黏土、水泥混合，生产特殊的混凝土。该种混凝土与普通混凝土相比，具有材质轻、导热系数小等优点，可作为绝热材料使用。由于废木料的掺入降低了复合材料的毛细作用，该复合材料的耐久和导热性能受湿度的影响均较小。

（二）混凝土材料

混凝土材料拆解后，将废弃混凝土块经过一系列基于混凝土再生技术的破碎、清洗、尺寸分级后，按一定的尺寸比例混合形成再生骨料，部分或全部替代天然骨料而配制成新的混凝土，用于道桥、建筑等土木工程的建造。

再生骨料表面粗糙，棱角较多，并且骨料表面还包裹着相当数量的水泥砂浆，再加上混凝土块在解体、破碎过程中由于损伤累积使再生骨料内部存在大量微裂纹，这些因素都使再生骨料的吸水率和吸水速率增大，这对配制再生混凝土是不利的。但再生骨料混凝土拌和物密度小，和易性低，使其保水性与黏聚性增强，对于降低建筑物自重，提高构件跨度有利。

将再生粗骨料应用于喷射混凝土，具有回弹率较小、荷载在压应力—应变曲线的后峰值部分缓慢地和比较平稳地下降以及在压应力—应变曲线的后峰值部分的变形能力和延性较大。再生骨料在这一方面的利用前景广阔。此外，还有少量的废弃混凝土经破碎筛选后，装入钢丝笼内，取代石材用于水工工程或景观工程，也取得了良好的效果。

（三）钢铁材料

钢铁材料的循环利用开始较早，目前在实际中的产业体系也较为成熟。2013年，我国建筑业用钢量占总用钢量达 56.5%。同年我国的废钢资源产生量位达 1.6 亿吨，居世界之首，占全球废钢产生量的 26.7%，且废钢铁年产生量占我国再生资源总量 60%。

不需要的钢材制品被作为有价物回收，再经由废料加工行业熔融后加工成为商品。建筑拆解所产生的型钢与钢筋主要通过切割机被切割到一定大小、经过磁石筛选就成了大废料。大型材的废料含有杂质较少，而表面附着混凝土的钢筋在电炉中处理难度则较大。回收的钢铁材料中由于混入了各种杂质，致使其品质稳定性较差，Cu、Sn、Mo、Ni 等元素一旦混入钢铁中就很难再从中去除，废旧金属的回收再利用需要采用特定仪器对其成分进行确定，确保对大量繁杂多样的合金种类及材料品质能够进行现场快速准确的分析检测。为购销双方在原材料交易时做出迅速、可靠的判定，并提供必要的信息。

(四) 废旧砖瓦

废旧砖瓦经长期使用后，矿物成分和形态基本保持稳定，使得其存在被继续利用的基础与价值。

砌体建筑在经过简单的机械拆解后，其中的砌块经过人工分拣与去除砂浆残留物后被再利用于要求不高的墙体砌筑，是最为常见的再利用方式。

利用废砖替代部分骨料生产混凝土或混凝土砌块时，对混凝土和易性影响较大，并且强度远远低于其他类型混凝土，应用范围有一定限制。但作为耐热混凝土粗骨料使用时，混凝土经高温灼烧后表面不产生龟裂，较为理想。

此外，废砖瓦也可经粉化后用作免浇砌筑水泥原料或再生砖瓦的原材料。

(五) 回收的沥青屋面废料

回收的沥青屋面废料可用作生产热拌沥青和填补路面坑洞的冷拌材料，由此可以减少纯净沥青和沥青中骨料的使用，同时沥青屋面中所含有的纤维材料有助于提高热拌沥青的性能，减少路面变形与开裂。一般高等级公路热拌沥青路面中沥青屋面废料的渗入率为 5%，而低等级道路的热拌沥青路面中沥青屋面废料的掺入率可达 10% ~ 15%。

四、新型建筑材料应用

新型建筑材料的应用也就是对新型能源的开发利用，在我国建筑结构的节能设计中，新能源的开发利用主要强调太阳能与建筑结构的有机结合，通过将太阳能装置应用到建筑结构的取暖和发电等领域中，实现建筑设计中新能源的有效开发与利用。不同的太阳能装置的结构与功能是不同的，在建筑节能工程的设计中，针对不同的太阳能装置要采用有针对性的建设方案。建筑设计中新能源利用的主要方式包括太阳能热水器、太阳能发电以及太阳能空调等。

太阳能热水系统的原理是通过特殊材质吸收太阳光能量，并在热交换器的作用下将吸收的光能转化为热能，进而实现对太阳能热水器中水体的加热。由于太阳能热水器的运行不需要投入任何运行费用，在学校、医院及政府部门的建筑设计中通常被广泛利用。太阳能热水系统与建筑结构的结合方式主要包括设备的固定安装和管道的搭建两种，太阳能设备的固定安装是指在建筑结构的屋顶安装固定的太阳能热水器，使得热水器成为建筑结构的组成部分，在有新住户居住时，能够直接使用太阳能热水器，无须对装置进行处理与改动。而在管道搭建式太阳能热水器的建设中，一旦住户搬迁，就会带走太阳能热水器，新住户的到来则需在墙壁和地板上重新开孔并施工，重新安装热水器，由于此种安装方式会在一定程度上对建筑结构的稳定性造成影响，因此在太阳能热水器的实际应用中多采用前一种方式。

太阳能光伏发电技术的发展有力推动了我国建筑工程发展中新能源技术的开发与应用。太阳能光伏发电过程是通过利用太阳能电池方阵，将太阳辐射能直接转化为电能的过程，伴随着我国太阳能电池技术的不断成熟，其在建筑工程中的应用也日渐普及。在建筑结构中安装太阳能发电装置，首先要在屋顶铺设光伏组件，进而将光伏组件的引出端接在太阳能发电装置的控制端，通过控制光伏转化速率实现对太阳能发电装置的有效控制。伴随着建筑工程开展中新能源利用效率的不断提高，太阳能发电装置的光伏组件的形态发展将会更加注重建筑结构的一体化，通过在建筑结构中添加光伏涂层，使得太阳能发电技术更具观赏性，也有效保证了建筑工程中新能源的利用效率。

第三节　绿色建筑与绿色施工的应用

一、绿色施工与传统施工异同

(一) 绿色施工与传统施工的共同点

无论是绿色施工还是传统施工模式，都是具备符合相应资质等级的施工企业，通过组建项目管理机构，运用智力成果和技术手段，配置一定的人力、资金、设备等资源，按照设计图纸，为实现合同的成本、工期、质量、安全等目标，在项目所在地进行的各种生产活动，直到建成合格的建筑产品达到设计要求。

组成施工活动的五大要素相同，即：施工活动的对象—工程项目，资源配置—

人力、资金、施工机械、材料等，实现方法—管理和技术，产品质量，施工活动要达到的目标。核心是施工活动的目标在不同时间段内容不同，由此决定了上述其他四要素的内容也发生了变化。比如，改革开放后我们开展的施工活动，其目标是质量、安全、工期、成本控制也就是传统的施工方法，绿色施工要达到的目标是质量、安全、工期、成本和环境保护。

由此可见，绿色施工与传统施工的主要区别在于绿色施工目标要素中，要把环境和节约资源、保护资源作为主控目标之一。由此，就造成了绿色施工成本的增加，企业就可能面临一定的亏损压力。

(二) 绿色施工与传统施工的不同点

1. 出发点不同

绿色施工着眼在节约资源、保护资源，建立人与自然、人与社会的和谐，而传统施工只要不违反国家的法规和有关规定，能实现质量、安全、工期、成本目标就可以。尤其是为了降低成本，可能造成大量的建筑垃圾，以牺牲资源为代价，噪声、扬尘、堆放渣土还可能对项目周边环境和居住人群造成危害或影响。比如，对于有园林绿化的项目，在保证建设场地的情况下，施工单位在取得监理和甲方同意的情况下，可以提前进行园林绿化施工，从进场到项目竣工，整个施工现场都处于绿色环保的环境中，既减少了扬尘，同时施工中收集的幽水、中间水经过简单处理后就可以用来灌溉，降低了项目竣工后再绿化的费用，也可以得到各方的好评，树立企业良好的形象。

2. 实现目标控制的角度不同

为了达到绿色施工的标准，施工单位首先要改变观念，综合考虑施工中可能出现的能耗较高的因素，通过采用新技术、新材料，持续改进管理水平和技术方法。而传统施工着眼点主要是在满足质量、工期、安全的前提下，如何降低成本，至于是否节能降耗、如何减少废弃物和有利于营造舒适的环境就不是考虑的重点。绿色施工主要是在观念转变的前提下，采用新技术、更加合理的流程等来达到绿色的标准。比如，目前广泛推广的工业化装配式施工，就是把一些主要的预制件事先加工好，在项目现场直接装配就可以，不仅节约了大量的时间和人力成本，而且大大减少了扬尘及施工过程中的废弃物，经济效益显著。某集团仅用了15天就建造了30层高楼，就是采用工业化装配式生产方式，中间基本不产生废弃物。而传统施工方式盖30层高楼一般都需要一年半甚至两年的时间，仅时间和人力成本就浪费了多少！由此可见，绿色施工带来的不仅是成本的节约、资源消耗降低，更是生产模式的改变所带来的生产理念的变化。这是传统模式无法比拟的。

3. 落脚点不同，达到的效果不同

在实施绿色施工过程中，由于考虑了环境因素和节能降耗，可能造成建造成本的增加。但由于提高了认识，更加注重节能环保，采用了新技术、新工艺、新材料，持续改进管理水平和技术装备能力，不仅对全面实现项目的控制目标有利，而且在建造中节约了资源，营造了和谐的周边环境，还向社会提供了好的建筑产品。传统施工有时也考虑节约，但更多地向降低成本倾斜，对于施工过程中产生的建筑垃圾、扬尘、噪声等就可能放在次要位置考虑。近几年，在绿色施工的推动下，很多施工企业开展 QC 小组活动，一线科技工作者针对施工中影响质量的关键环节进行技术攻关，取得了可喜可贺的成绩，在此基础上形成了国家级工法、省部级工法、专利及企业标准。这些技术攻关活动使施工质量大大提高，减少了残次品，而且减少了浪费和返工，提高了质量正品率，为项目减少亏损做出了贡献。

4. 受益者不同

绿色施工受益的是国家和社会、项目业主，最终也会受益于施工单位。传统施工首先受益的是施工单位和项目业主，其次是社会和使用建筑产品的人。比如，在进行地基处理时，由于目前大多是高层或超高层建筑，地基处理深度较大，复杂性较高，传统施工就是将地下水直接排到污水井，而绿色施工基于节约资源的理念，考虑到城市中水资源紧缺，施工单位事先和市政管理部门联系，可以将大量的地下水排放到中水系统，或者直接排入市内的人造湖，使地下水直接造福人类。但这样就会大大增加施工成本，项目部就需要从其他地方通过管理改善和技术创新降低成本，政府也可能给予一定的补偿。但项目部因此会赢得社会的赞誉，对今后承揽项目带来益处。再如，雨水的回收利用。在施工过程中要大量地使用水，城市普遍缺水，如果直接使用市政水，合情合理，无可厚非。但作为绿色施工，项目部就会根据条件在雨季收集雨水，用于项目施工。如此做，可能节约的费用并不多，但重要的是形成合理利用资源、减少资源浪费这样一个理念，人人节约资源，能给社会带来福音。这就是我们倡导的绿色施工理念，既使项目部获得收益，也给社会带来了效益。

从长远来看，绿色施工是节约型经济，更具可持续发展特征。传统施工着眼实际可评的经济效益，这种目标比较短浅，而绿色施工包括了经济效益和环境效益，是从持续发展需要出发的，着眼于长期发展的目标。相对来说，传统施工方法所需要消耗的资源比绿色施工多出很多，并存在大量资源浪费现象，绿色施工提倡合理的节约，促进资源的回收利用、循环利用，减少资源的消耗。在整个建设和使用过程中，传统施工会产生并可能持续产生大量的污染，包括建筑垃圾、噪声污染、水污染、空气污染等，如对建筑垃圾的处理上，传统施工多是直接投放自然处理，而绿色施工采用循环利用，相对来说污染较小甚至基本无污染，其建设和使用过程中所产生的垃圾通常采用回收利用的方法进行。在对污染的防治上，传统施工多是采用事后治理的方式，是在污染造成之后进行的治理和排除；绿色施工则是采用预防的方法，在污染之前即采用除污技术，减轻或杜绝污染的发生。总的说来，绿色施工可持续性远高于传统施工，能更好地与自然、与环境相协调。

因此，绿色施工强调的"四节一环保"并非以施工单位的经济效益最大化为基础，而是强调在保护环境和节约资源前提下的"四节"，强调节能减排下的"四节"。对于项目成本控制而言，有时会增加施工成本，但由于全员节能降耗意识的普遍提高，"四节"的实现依靠采用新技术、新工艺，以及持续不断地改进管理水平和技术水平，根本上来说，有利于施工单位经济效益和社会效益的提升，最终造福社会，从长远来说，有利于推动建筑企业可持续发展。

国家和行业协会已经出台了大量的关于绿色建筑和绿色施工的政策法规和奖励办法，旨在强化节约型社会建设，使高消耗能源的建筑行业，通过转变观念、转型升级，创建人与自然、人与环境的和谐共处，通过管理提升和技术改进，不断提高企业竞争能力，促进企业的可持续发展。

新的生产方式为绿色施工提供了物质基础。工业化生产、装配式施工不仅大大缩短了工期，减少了劳动消耗，同时，对于传统施工中产生的大量废弃物，通过二次利用可以循环使用，减少了环境污染，提高了资源的利用率，大大降低了建造成本。

国家和地方建设主管部门为了促进建筑行业转型升级，淘汰落后的生产技术，强制推行新技术、新材料和新工艺，对改变落后产能起到了积极的促进作用。近年来，经批准的国家和地方级工法、专利技术如雨后春笋，企业可以无偿或有偿使用这些工法、专利，用以提高施工质量，减少浪费，这些新技术、新材料等的推广使用就是绿色施工的物质基础。没有技术改进和新材料的使用，绿色施工就只能是局部改变，零敲碎打，无法从根本上降低由于考虑施工对环境的污染而增加的费用，一个不经济的绿色施工之路就不可能走得太远。

绿色施工首先是观念的更新，需要综合考虑质量、成本、工期、安全、环境保护和节约资源，它们是一个有机整体，需要依靠管理改进和技术改进，才能从根本上改变保护环境而增加的费用增加，减少亏损的压力。只有观念更新，才能达到人与环境、人与自然的和谐。而不是将这几个方面割裂开，否则只能算节约型工地，达不到绿色施工的全面改进。

各地建设主管部门为了倡导绿色施工，纷纷出台了一些优惠政策和奖励措施，同时，将绿色施工优秀项目作为申报优质工程、科技创新成果的一个重要参考（尚未作为要件），这对于企业开展绿色施工是很好的促进。

尽管绿色施工对社会和企业带来了很多好处，但仍然存在一些制约因素。由于在绿色工程实施的过程中所处位置、利益着眼点、观念认识等方面的差异，绿色施工在实施过程中会受到很多不利因素的制约，有时还会产生纠纷，这就给绿色施工带来困扰。有些来自政府、项目部内部、甲方、监理以及项目周边居民等方面，但更多的是来自行业标准或规范的滞后，企业采用的新材料、新工艺有一个认识的过程，在政府仍然对市场具有主导地位的情况下，没有相关政府部门的许可或修订标准、规范，使用者和生产者都不敢轻易使用。其次，政府对污染、浪费的监管力度的强弱，都会给绿色施工实施带来不同程度的影响。政府监管严，甲方就会加大投入，有利于施工企业进行绿色施工。政府监管弱，甲方和施工单位都会缺乏积极性，从而对绿色施工持消极态度。施工单位作为经济利益直接关系人，其最根本的目标是为了获取最大利润，这一目标也是整个项目运行的根本动力。但通常来说，绿色施工会增加成本，其产品价格一般会高于非绿色施工产品价格，如果企业和个人没有树立正确的绿色理念，很容易造成负利润现象，使企业陷入困境，施工单位就会在绿色施工管理上出现较多的分歧。对于消费者来说，追求效用最大化，这就使绿色施工同传统施工一样存在着消费者和施工单位价值取向不同这一重要矛盾，极易因为消费者对绿色施工需要的不确定性，而使双方存在巨大差异无法协调，使绿色施工在实施过程中遇到困难。

二、绿色施工与绿色建筑的关系

国家标准《绿色建筑评价标准》中定义，绿色建筑是指在建筑的全寿命周期内，最大限度地节约资源、保护环境和减少污染，为人们提供健康、适用和高效的使用空间，与自然和谐共生的建筑。绿色建筑主要包括三方面内涵：（1）四节，主要强调建筑在使用周期内降低各种资源的消耗；（2）保护环境，主要强调建筑在使用周期内减少各种污染物的排放；（3）营造"健康、适用和高效"的使用空间。

绿色施工与绿色建筑互有关联又各自独立，其关系主要体现为：（1）绿色施工主要涉及施工过程，是建筑全生命周期中的生成阶段；而绿色建筑则表现为一种状态，为人们提供绿色的使用空间。（2）绿色施工可为绿色建筑增色，但仅绿色施工不能形成绿色建筑。（3）绿色建筑的形成，必须首先要使设计成为"绿色"；绿色施工关键在于施工组织设计和施工方案是绿色。（4）绿色施工主要涉及施工期间，对环境影响相当集中；绿色建筑事关居住者健康、运行成本和使用功能，对整个使用周期均有影响。

参考文献

[1] 于金海.建筑工程施工组织与管理 [M].北京：机械工业出版社，2017.

[2] 王欣海，曹林同，郝会娟.建筑工程安全技术管理 [M].西安：西安交通大学出版社，2017.

[3] 李媛.建筑工程施工资料管理 [M].北京：北京理工大学出版社，2017.

[4] 曾澄波，周硕珣.建筑工程安全技术与管理 [M].北京：北京理工大学出版社，2017.

[5] 姚锦宝.建筑施工技术 [M].北京：北京交通大学出版社，2017.

[6] 胡英盛.住房和建设领域关键岗位技术人员培训教材建筑工程项目施工管理 [M].北京：中国林业出版社，2018.

[7] 刘勤.建筑工程施工组织与管理 [M].银川：阳光出版社，2018.

[8] 可淑玲，宋文学.建筑工程施工组织与管理 [M].广州：华南理工大学出版社，2018.

[9] 张英杰.建筑装饰施工技术 [M].北京：中国轻工业出版社，2018.

[10] 王淑红.建筑施工组织与管理 [M].北京：北京理工大学出版社，2018.

[11] 嵇德兰.建筑施工组织与管理 [M].北京：北京理工大学出版社，2018.

[12] 李志兴.建筑工程施工项目风险管理 [M].北京：北京工业大学出版社有限责任公司，2018.

[13] 王建玉.建筑智能化工程·施工组织与管理 [M].北京：机械工业出版社，2018.

[14] 郭念.建筑工程质量与安全管理 [M].武汉：武汉大学出版社，2018.

[15] 毛同雷，孟庆华，郭宏杰.建筑工程绿色施工技术与安全管理 [M].长春：吉林科学技术出版社，2019.

[16] 刘玉.建筑工程施工技术与项目管理研究 [M].咸阳：西北农林科技大学出版社，2019.

[17] 刘景春，刘野，李江.建筑工程与施工技术 [M].长春：吉林科学技术出版社，2019.

[18] 杨莅滦，郑宇.建筑工程施工资料管理 [M].北京：北京理工大学出版社，2019.

[19] 刘尊明，霍文婵，朱锋.建筑施工安全技术与管理 [M].北京：北京理工大学出版社，2019.

[20] 惠彦涛.建筑施工技术 [M].上海：上海交通大学出版社，2019.

[21] 李玉萍.建筑工程施工与管理 [M].长春：吉林科学技术出版社，2019.

[22] 钟汉华，董伟.建筑工程施工工艺 [M].重庆：重庆大学出版社，2020.

[23] 蒲娟，徐畅，刘雪敏.建筑工程施工与项目管理分析探索 [M].长春：吉林科学技术出版社有限责任公司，2020.

[24] 王健，苏乾民，韦光兰.建筑施工组织与管理 [M].哈尔滨：哈尔滨工程大学出版社，2020.

[25] 路明.建筑工程施工技术及应用研究 [M].天津：天津科学技术出版社，2020.

[26] 苏健，陈昌平.建筑施工技术 [M].南京：东南大学出版社，2020.

[27] 陈思杰，易书林.建筑施工技术与建筑设计研究 [M].青岛：中国海洋大学出版社，2020.

[28] 王胜.建筑工程质量管理 [M].北京：机械工业出版社，2021.

[29] 万成福.建筑工程现场安全施工手册图解版 [M].北京：北京希望电子出版社，2021.

[30] 刘臣光.建筑施工安全技术与管理研究 [M].北京：新华出版社，2021.

[31] 杜涛.绿色建筑技术与施工管理研究 [M].西安：西北工业大学出版社，2021.

[32] 殷勇，钟焘，曾虹主.建筑工程质量与安全管理 [M].西安：西安交通大学出版社有限责任公司，2021.

[33] 王晓玲，高喜玲，张刚.安装工程施工组织与管理 [M].镇江：江苏大学出版社有限责任公司，2021.